U0210822

室内设计师.**56**
INTERIOR DESIGNER

编委会主任　崔愷
编委会副主任　胡永旭

学术顾问　周家斌

编委会委员
王明贤　王琼　王澍　叶铮　吕品晶　刘家琨　吴长福
余平　沈立东　沈雷　汤桦　张雷　孟建民　陈耀光　郑曙旸
姜峰　赵毓玲　钱强　高超一　崔华峰　登琨艳　谢江

海外编委
方海　方振宁　陆宇星　周静敏　黄晓江

主编　徐纺
艺术顾问　陈飞波

责任编辑　徐明怡　刘丽君　朱笑黎
美术编辑　孙苾云

图书在版编目 (CIP) 数据

室内设计师. 56，复合空间 /《室内设计师》编委
会编 . — 北京：中国建筑工业出版社，2016.2
ISBN 978-7-112-19072-0

Ⅰ. ①室… Ⅱ. ①室… Ⅲ.①室内装饰设计 – 丛刊
Ⅳ. ① TU238-55

中国版本图书馆 CIP 数据核字 (2016) 第 024851 号

室内设计师　56
复合空间
《室内设计师》编委会　编
电子邮箱：ider2006@qq.com
网　　址：http://www.abbs.com.cn/id/

中国建筑工业出版社出版、发行 (北京西郊百万庄)
各地新华书店、建筑书店 经销
上海雅昌艺术印刷有限公司 制版、印刷

开本：965 × 1270 毫米　1/16　印张：11½　字数：460 千字
2016 年 02 月第一版　2016 年 02 月第一次印刷
定价：40.00 元
ISBN 978 –7 –112 –19072–0
　　　　(28332)
版权所有　翻印必究
如有印装质量问题，可寄本社退换
(邮政编码 100037)

目录

CONTENTS

探寻澳大利亚设计风格

撰　文　| 　王受之

一些国家有强烈的设计风格，比如北欧、意大利、日本、德国，有些国家设计则形式多样，难以找到一个统一的风格，比如美国。澳大利亚比较特别，设计上遵循西方的大方向，但是却没有特别鲜明的建筑、室内设计风格，在澳大利亚看设计，都不错，但是要归纳出他们自己的风格特色来，还颇不容易。

最近两年，因为要建立我所在的长江艺术与设计学院和澳大利亚大学之间的教育合作，我两年连续跑了三次澳大利亚，去新南威尔士州的悉尼、维多利亚州的墨尔本，去首都堪培拉、去东海岸的布里斯班和黄金海岸，看了很多设计学校，也看了很多设计项目，所得出的看法和我想象中的很接近。

1788 年，欧洲移民落户澳大利亚之后所设计建造的建筑、室内基本是欧洲建筑的翻版。由于移民来自欧洲多个国度，因此建筑形式和风格上都带有母国的强烈印记，各不相同。在悉尼的老城区，有不少这个时期的建筑物，恍若之间好像在曼彻斯特的一角。因为这里的居民直接从英国移民到此，因而澳大利亚早期的政府建筑和豪宅大多以英国的"乔治风格"为主。19 世纪中叶，澳大利亚淘金热兴起，经济实力增强，在墨尔本、悉尼等主要城市，比较炫富的"维多利亚风格"开始引领时尚。到了 20 世纪初，随着澳大利亚人追求自我风格的意愿越来越强烈，联邦风格又逐渐成为主流。

从 2014 年到 2015 年，我忙了两年，最后和堪培拉大学建立了交换学生的学术合作关系，因此三进三出堪培拉，对这个城市有颇多的认识，也熟悉了城市的规划和设计。堪培拉和巴西的巴西利亚一样，是完全人造的新首都，地点选择在两个大城市悉尼和墨尔本之间，有平衡关系的意义。这个城市也是一个理想主义的作品。

1913 年，澳大利亚政府为了建设堪培拉，举行了一次大规模的国际建筑竞赛。在都市规划方面，美国建筑师沃尔特•布里•格里芬(Walter Burley Griffin, 1876 年 — 1937 年)从 137 位参赛者中胜出，受邀担任了澳大利亚联邦首都设计建设委员会主任。格里芬的建筑和景观设计采用了有机现代主义的风格，规划概念上也相当超前。他的这个设计，不但设计出一个很宏伟、理想的新城，也对澳大利亚后来的城市规划影响深远。除了参与堪培拉的设计和建设，格里芬还在墨尔本、悉尼等地完成了国会山剧院等多个项目的设计。他在澳大利亚率先采用强化混凝土，设计了一批形式简洁的平屋顶住宅。虽然由于第一次世界大战的爆发，使得堪培拉新城的建筑投资锐减，格里芬的设计并没有完全实现，但是他对于澳大利亚现代建筑的促进作用依然是非常重大的。

澳大利亚现代建筑的发展过程中，本身的社会、政治、文化、公众意识等因素对于建筑、室内的发展都有局限性的影响作用。比如在 20 世纪初期，澳大利亚政府曾经规定建筑的高度不能超过 150 英尺（约 45m），这样就导致缺乏高层建筑的历史，直到 1950 年这条禁令解除之前，澳大利亚

澳大利亚广场是 1970 年代世界上最高的轻质水泥办公大楼

位于新南威尔士的亚瑟·伊旺·博伊德艺术中心

就没有出现过摩天大楼。第二次世界大战之后，由于公众向往"澳大利亚梦"，追求带有花园的独栋家庭住宅，而使得高密度的住宅小区直到20世纪末期才开始在澳大利亚兴建。1960年代以来，公众对于生态环境、历史遗产和绿色家园的关注，更对澳大利亚的建筑造成很大影响。这一波绿色建筑的浪潮在1990年代末期，达到高潮，并在世界范围内引起很大的回响。

如果就这样总结说澳大利亚的设计师仅仅是随波逐流的一群，肯定不正确，贴切地说他们是在澳大利亚特别的背景下发展自己的现代建筑，这个说法比较接近现实。当代的澳大利亚建筑师们不再满足于仅是对海外传来的一波波建筑浪潮作出回应，而是在设计上更加前卫开放，更加创新，更加注重"可持续性"发展，也更加强调本土文化特色和价值观念。例如建筑师罗玛尔多·吉尤戈拉（Romaldo Giurgola）设计的澳大利亚新议会（Parliament House，Canberra，1988年）、1950后的建筑师南达·卡特萨里德斯（Nonda Katsalidis)设计的依安·波特艺术博物馆（Ian Potter Museum of Art，University of Melbourne，1998年）、哈塞尔事务所（Hassell）设计的奥林匹克公园火车站（Olympic Park Railway Station，Sydney，1998年）、LAB建筑事务所设计的墨尔本联邦广场项目（Federation Square，Melbourne，2002年）等。他们的作品注重与当地自然环境、人文环境以及气候条件的协调，在节能减碳等方面，很有成效。

大批高水平的新作品问世，标志着澳大利亚的现代建筑水平，正在步上更高一级的新台阶。下面我们就对几个目前在澳大利亚非常活跃并有重要影响的建筑师和建筑事务所作些介绍。

我们大部分人不太熟悉澳大利亚建筑师、设计师，其实他们中很多都是从欧洲移民来到澳大利亚的，比如哈利·赛德勒（Harry Seidler，1923-2006年）就是一位出生于奥地利的澳大利亚建筑师。他被视为澳大利亚现代主义建筑的领袖人物，他最先将包豪斯的设计原则应用于澳大利亚的建筑设计和实践。

1960年代，赛德勒的作品——悉尼的澳大利亚广场（Australia Square project，Sydney，1961年–1967年）使他获得了世界建筑界的重视：这是当时世界上最高的轻质混凝土办公大楼，内有大面积的公共空间，并采用了开放式的室内空气循环系统。2015年春天我去堪培拉大学签订条约，回程在悉尼住了几天，在他设计的澳大利亚广场走了好久，满地的白色鹦鹉、梦幻的落日色彩。我的确很喜欢他设计的这个公共广场。

赛德勒在设计中还有一个显著的特点：他常常邀请当代艺术家参与他的建筑项目。著名的现代艺术家、雕塑家如亚历山大·卡尔德（Alexander Caldera）、弗兰克·斯特拉（Frank Stella）、林·邬宗（Lin Utzon）等人都曾与他合作。由于赛德勒本人具有很高的现代艺术修养，他在建筑设计中也充分考虑到如何完美地体现这些现代艺术作品，从而使得这些作品并不仅仅是建筑项目的一种附加装饰，而且成为建筑本身的有机组成部分。

追朔澳大利亚的重要设计奠基人，格林·穆卡特（Glenn Marcus Murcutt，1936年–至今）是

马里卡－阿尔德顿住宅

不能少的。格林·穆卡特于 1936 年出生于伦敦，2002 年，成为第一位荣获普利茨克建筑大奖的澳大利亚建筑师，并于 2009 年荣获美国建筑师协会金奖。

穆卡特的座右铭是"轻抚地球"（touch the Earth lightly），在他所有的设计中，都力求与澳大利亚特有的地理环境、气候变化和自然景观相吻合，并最大限度地保护原生态。早在"可持续性"成为众人谈论的主题之前，他已经在身体力行地实践这一原则了。他为一对原住民艺术家夫妇设计的马里卡－阿尔德顿住宅（Marika-Alderton House, Yirrkala Community, NT, Australia, 1991 年－1994 年），就是一个非常好的例子。这栋住宅位于澳大利亚的北领地，雨季里常会受到洪水的困扰，穆卡特就将整栋住宅置于钢铁支架上，既实用又具有漂浮的美感。住宅不设窗户，而是将整个木质墙面设计成可以开合的百叶窗形式，白天可以将墙面四通八达地张开便于空气对流，晚上则可以完全关闭起来。特别加长的屋檐也能帮助阻隔强烈的阳光。穆卡特还细心地设计了回收系统，将储集的雨水用来冲洗住宅里的卫生间。当然，他也没有忘记在屋顶上安装了太阳能板，利用当地丰富的日光资源为住宅提供所需的电源。

我每次来都希望能够见到穆卡特，但是他总是住在远离都市的偏僻地方，在自己的工作室考虑新的设计项目，不太有社交生活。他一直保持"个体户"的工作模式，避免承接大型的项目，因为他希望凡事亲力亲为，力求将每一个细节都做到最完美。在今天这种明星建筑师以奇特的造型、奢华的材料、超高超大的体量占据每日新闻头版位置的喧嚣氛围中，他是一个尤为珍贵的"异数"。

莱昂建筑事务所是由莱昂家的三兄弟卡别特、卡麦隆和卡利（Carbett, Cameron and Carey Lyon），以及奈尔·阿普勒顿（Neil Appleton）和亚德里安·斯塔尼克（Adrian Stanic）联手，于 1996 年在墨尔本成立的。该事务所在设计中具有突出的本地文化特点，很有原创性，他们的作品比较厚重，而且具有鲜明的个性特点。他们在 2007 年完成的休姆市议会办公大楼（Hume City Council Office Building, Melbourne, 2007）是事务所的重要作品。他们将公共空地、议会办公室、汽车停车场，设计成一个统一的整体。在保证大楼用户的舒适程度的同时，非常注重对于能量和水资源的节约：整栋建筑的平面布局相当修长，以保证自然光能照射到楼内的所有空间；所有的楼梯间都设计成开放式的，并着意在大楼的两头安排了敞开的楼梯通道，以增强室内的空气流通；设置了专门的雨水收集系统，将收集到的雨水用于冲洗楼内的卫生间；楼内供应的暖水，完全是由太阳能来加热的。虽然是一栋市议会的办公大楼，但外形设计得相当生动，尤其是以醒目的绿色勾勒出大楼的主入口和立面轮廓线，向来访者传达出亲切、友善、服务的信息来。这栋大楼被澳大利亚绿色建筑委员会评为五星级绿色建筑，并荣获 2008 年澳大利亚建筑学会的"哈利·赛德勒"大奖。

墨尔本的丹顿·科克·马歇尔事务所（Denton Corker Marshall）设计的在悉尼的菲利普总督塔楼（Phillip Tower, Sydney, 1993 年）、墨尔本博物馆 Melbourne Museum, 1999 年）、墨尔本会展中心（Melbourne Convention & Exhibition Center, 1996 年）、布里斯班广场大楼（Brisbane Square, Brisbane, 2006 年）等，在东京和北京设计的澳大利亚大使馆也都很受好评。

这里提到的事务所的设计风格基本是现代主义的，他们的作品常常具有明显的雕塑感和英雄主义的气息，曾先后 20 多次荣获澳大利亚皇家建筑学会的多个奖项。

回到我在文章一开始提到的那个议题：澳大利亚的设计有很高的水平，但是却没有特别鲜明的特色，这样讲可能有一些设计师不同意，但是我和好多澳大利亚的设计师在讨论这个问题的时候，他们多半也认同的。

有人问我：了解澳大利亚设计有些什么重要的著作呢？如果大家不怕麻烦，我在这里给大家推荐几本：

菲利普·德鲁：《澳大利亚建筑》（Philip Drew, Philip Goad, Gevork Hartoonian：Australian Architecture: Living the Modern, Hatje Cantz, 2007. ISBN-10: 3775720332; ISBN-13: 978-3775720335）；

达维纳·杰克逊：《新一波澳大利亚建筑》（Davina Jackson：Next Wave:New Australian Architecture, Princeton Architectural Press, 2008. ISBN-10: 1568987358; ISBN-13: 978-1568987354），《今日澳大利亚建筑》（Davina Jackson：Australian Architecture Now,Thames & Hudson, 2002, ISBN-10: 0500283885; ISBN-13: 978-0500283882）；

菲利普·戈德：《澳大利亚建筑的新方向》（Philip Goad：New Directions in Australian Architecture, Periplus Editions, 2005, ISBN-10: 0794603378; ISBN-13: 978-0794603373）。

我估计读完这几本书就能够比较完整地了解到整个澳大利亚建筑发展的情况了。END

SHOWROOM

Soolista
Klára Šípková
PBG
Monada
Dyan
Jara design

+

Plove

My jsme Showroom.

复合空间

撰 文 | 刘匡思

复合空间的出现，是由新的经济模式、创意形态的办公趋势以及当下人们对综合空间的功能需求等因素所激发，成为今日值得探讨的建筑现象。

复合空间的概念有一个现代主义源头——勒·柯布西耶的马赛公寓。在这栋兴建于 1947 年的住宅建筑群中，柯布西耶在此综合了供 1500~1700 名住客的住宅、旅舍、商店、幼儿园、游泳池、露天舞台、甚至拥有 300m 跑道的屋顶花园于一体。这栋以"人类"而非仅仅是建筑空间理论角度思考建筑学未来的前卫建筑，无疑挑战了一个空间所具备的功能。今天我们在此讨论的复合空间，不仅是简单的空间分割后的多功能化，而正是弱化住宅功能之后的"马赛公寓"，结合多功能使用的空间设计。

2010 年刘家琨开始设计"西村·贝森"大院，受到中国集体主义形态大院空间原型的影响，他想表达出具有成都地方色彩的空间形态。他在 2015 年深港城市\建筑双城双年展的主题讲演中说，"这里除了住宅，所有你想到的功能里面都有"。提供各种公共服务设计的西村，"看起来像是一个大院子，但实际上到处都很开放，人们可以从街道上自由进入"。露天剧场既可以看演出，也能跳广场舞，还能搭个桌子打麻将。对于西村中这些具有接地气的空间布局与功能设置设计，刘家琨说，"现在有太多的项目都在做建筑学的表皮，我想做建筑学的筋骨。"

抱有相似观念的法国勃艮第村委会综合楼、德国耶拿 SONNENHOF 综合楼、荷兰天台公园以及奥罗特小镇游客办公室，这些以复合空间定位的建筑设计，融合了周边居民所需要的服务设施，同时提供了商业空间的开发前景。而多功能的空间设计也令建筑物成为所在街区的地标。

在中国，2015 年落成的诸多颇有影响力的书店，包括诚品生活苏州、衡山·和集、半层书店在内，以阅读生活为中心延展的创意空间都成为这些新型书店复合建筑空间的设计重点。伴随着经济形态的转变，由大规模的工业型企业转向小公司、小工作室，原有的工业建筑、旧式商业或者住宅楼改造成符合多种功能的新空间。这些项目构成复合空间的设计趋势，无疑也向现有的建筑学理论发问，今天的建筑空间还能挖掘出哪些潜力？END

主题

西村·贝森大院
WEST VILLAGE·BASIS YARD

摄　影	存在建筑、家琨建筑设计事务所
资料提供	家琨建筑设计事务所

地　点	中国四川省成都市青羊区贝森北路 1 号
类　别	文化创意商业集合体
业　主	四川迈伦实业有限责任公司
面　积	135 552m²
设计单位	家琨建筑设计事务所
主设计师	刘家琨
设计团队	杨磊、靳洪铎、刘速、杨鹰、蔡克非、华益、毛炜希、李静、罗明、温锋、林宜萱、王凯文
设计时间	2010年~ 2014年

西村·贝森大院

基地概述

西村·贝森大院用地位于成都贝森北路1号，为东西长237m、南北长178m的完整街廓，四面临街，住宅环绕，社区成熟。用地性质为社区体育服务用地，原地块内为高尔夫练习场及游泳馆（后期保留）。规划允许建筑容积率2.0，建筑密度40%，限高24m。

设计理念

西村·贝森大院意图跨界整合各类社会资源，创造一种将运动休闲、文化艺术、时尚创意有机融合的本土生活集群空间，满足多元化的现实需求，成为持续激发社区活力的城市起搏器。

秉承"当代手法、历史记忆"的建筑理念，借鉴计划经济时代单位集体居住大院的空间原型，并尝试将这种带有集体主义理想色彩的社区空间模式转化到贝森大院当下的建筑模式与设计语言中，融集体记忆、地域特色与现代生活方式于一体，为现代城市的多样化生活提供一种更具当代性的社会容器。

建造"骨架筋络"，以功能的实用、结构的经济、构造的合理和材料的质朴等基本元素为出发点，超越表面设计，形成"本质赋形"的美学特征。

建筑布局

面对街廓完整、周边高楼林立、基地自身建筑限高的现实条件，方案希望因势利导以顺势而为的方法，借低矮吸引来周边注目、凭横长取得尺度优势。设计采用了建筑沿周边围合布局的方式，从而在规划限制条件下实现了运动休闲场地最大化和沿街人流效益最大化。由此围合出东西向长182m，南北向长137m的大院，成为容纳多元化公共生活的绿色"盆地"，通过迥异于常见中心集合式城市综合体的空间模式来继承成都自足开放的生活方式，在建筑学层面探讨现代城市建设、新型商业模式与城市本土文化之间的关系。

建筑处理

建筑地下为两层，地上5至6层。建筑东、南、西三边连续极限围合，楼板和屋檐的水平线条强调水平走势，以大尺度的水平体量取得对周边的影响力，以抱合姿态将自己的土地资源从周围的城市环境中界定出来，形成独特场域。而底层的四个过街楼式入口和北面跑道的架空柱廊连通内外，使贝森大院形成了一种既围合又开放的姿态。

建筑临街外立面为开敞悬挑公共外廊街，使每家用户都有独立的面街门面；水平延伸的外廊强化建筑横向走势，形成明确的公共领域；而室内外分界面则退后于秩序井然的柱列，且采用注重功能、简明通用的铝框高透玻璃，不做特殊设计，以利容纳未来业主群体的个体表达，形成更为丰富多样的立面呈现。

建筑临院内立面为连续的阳台，每家用户都可共享大院景观。视线关系为从周边到中心，使建筑呈现"运动场"的结构。宽阔的吧桌式阳台扶手采用高耐重竹，亲切自然，可供业主面对大院景观办公阅读。每个开间都预留有垂直隔断骨架，可根据业态变化灵活调整。而业主个体表现的繁乱杂陈则被巨

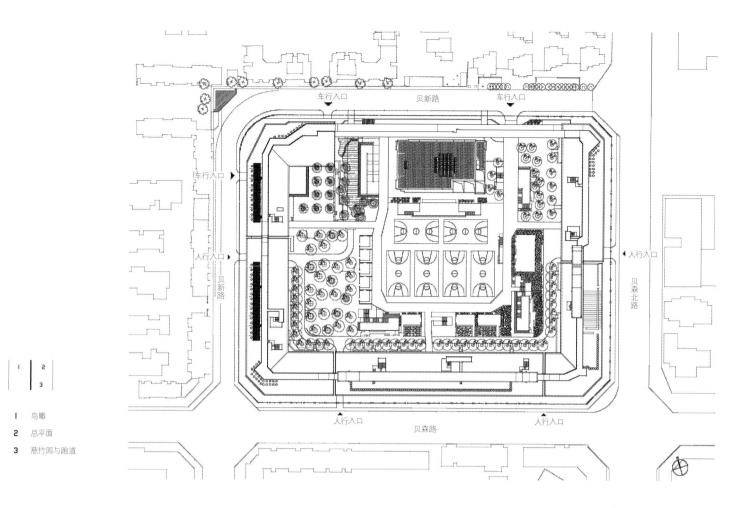

车行入口　　　贝新路　　　车行入口

车行入口 ►

人行入口 ►
贝
新
路

人行入口　　　　贝森路　　　　人行入口

人行入口 ◄
贝
森
北
路

| 1 | 2 |
| | 3 |

1　鸟瞰
2　总平面
3　慈竹园与跑道

大院落的秩序所包容，最终形成丰富而均质化的"市井立面"。

摒弃标准层的设置，根据功能需要，楼层层高各不相同。采用"蜂巢芯空腹密肋楼盖体系"争取更大层高，营造出开敞流动的空间氛围，满足灵活多样的使用需求。

蜂巢芯空腹密肋楼盖体系在入口处取消内模，露出井字形的密肋梁底面，以构造做法本身形成类似于传统"藻井"的效果，用以烘托出入口的重要性。

采用以当地常见的手工竹胶板作为模板，赋予清水混凝土独特的质感，使建筑与本土自然元素建立抽象的联系。竹胶模板水平栏板肌理细腻，八角柱典雅亲和，半剖竹模板强调了深远的檐口，使地域意蕴得以强化。

排水系统采用黑色铸铁落水管，以最短距离连接两处雨水口，非常规的Y形布置节约且高效，并使日常必需却常被刻意遮蔽的功能构件成为独特的表现元素。

将结构断缝进行夸张表现，在建筑中形成"一线天"式的人造景观，同时解决设备用房需隐匿安置和送风换气的问题，呈现建筑建造过程中的"生理断层"。而利用外廊混凝土栏板内抽出的钢筋作为栏杆，是相同理念的细节表达。

随着再生砖在城市公共建筑中的推广，贝森大院中也有深化设计和大量应用：建筑山墙、局部实墙、景观铺地、院墙等。断砖加工方式使再生砖的内部骨料得以暴露，成为独特的材料表现。除再生砖外，将大孔砖孔朝上用于屋面种植、孔朝外用于机房通风和通透围墙；将小孔砖孔朝侧面，利于垂直绿化；将多孔砖孔朝侧面用于展廊墙面，利于展品固定；以及将常用于基本填充的煤矸砖作为清水外墙等，均是对基础性材料非常规应用的发掘和表现。以上材料应用在满足环保低价的同时，又使贝森大院具有强烈的

本真化的材料特征。而水刷石和水磨石的大量使用，则承接了中国近现代建筑技术中成熟但行将失传的工法。

用地北边的原有建筑保留作为多功能艺术空间，围合建筑体在此中断，由架空跑道柱廊完成围合，透而不漏。跑道系统超越手法式的建筑表面造型，以具有社会功能的公共运动设施形成建筑主要特征。跑道总长1.6km，上行下达，转折起伏，缠绕整个建筑，由交叉坡道、屋顶步道、环形跑道、廊桥、长廊、屋顶天井以及外挂楼梯组成。外挂楼梯分布在东、南、西内立面的中部，作为形象强悍的连接系统，连接起内院、屋顶和地下一层天井。跑道系统既是引人注目的建筑形象和社区休闲运动设施，更是新兴健康办公生活的依托。

景观设计

内院总面积约26 000m² （39亩），是城

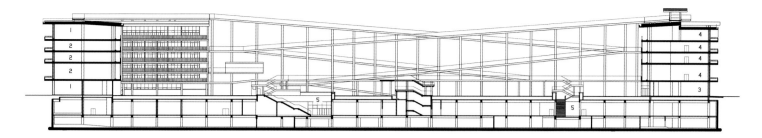

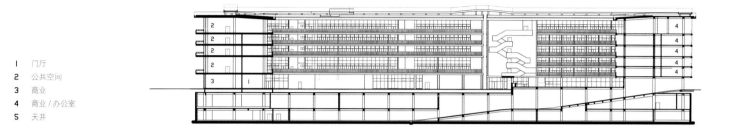

1　门厅
2　公共空间
3　商业
4　商业 / 办公室
5　天井

| 1 | 2 |
| | 3 |

1　西侧山墙

2　剖面图

3　内院外挂楼梯

市中心难得一见的大型院落式社区绿地。景观设计以功能规划为出发点，选取了代表成都本土文化的"竹空间"和"茶馆"为关键概念，旨在创造一个具有成都生活特色的公共场所。景观采用"满院竹"，以竹子这种成都平原农耕文化和市井生活的代表性本土植物，充分呈现大院闲适安逸的成都气质。以墙造园，细分空间，分别以沙土地、鹅卵石、红砂石为基底，配以不同的竹种，形成情态各异的"院中院"。

景观结构从大院中部的运动空间向外层层展开，向建筑内立面推进连接。环形跑道环绕出一个兼具运动、演出和展示的多功能露天空间。露天空间外围为环形展廊，以孔洞朝外的多孔砖墙作为展墙，便于展品安挂。展墙为夹壁墙，夹壁内设置服务设施，服务于其外的竹下小型空间环绕带。竹下小型空间中设置有满足现代办公会议要求的设施，室内功能室外化，成为建筑使用功能的

延展和补充，形成竹伞覆盖的竹林茶馆、竹林办公室与竹林教室。环绕带四角设置通往地下层的天井和通往跑道的室外楼梯，使内环中心带不仅有平面系统上的层层展开，也有空间的上下连接。环绕于内环中心带之外的是大小各异/竹种不同的五个竹林广场，竹林广场外缘为沿建筑内周边的环绕水渠，水渠之外是建筑挑廊下的休闲平台，作为建筑底层与内院空间的连接过渡。

跑道贯穿环形屋顶，屋顶以"四坡水"方式向内聚合倾斜，整个屋面铺设再生大孔砖，孔内填土，可作绿化或城市农业，同时也是传统瓦屋面肌理的抽象表达。环形屋顶与大院共同组成了西村的超大绿地。屋顶跑道布置有由当代材料"转译"设计的亭阁、观景台、长廊、廊桥、观景塔等传统园林景观元素。跑道两侧以水泥管作为树池、以公路隔网作为栏杆、以碎瓷砖作为排水沟贴面，这些常被一般建筑审美所排斥的道桥工程现

成品和民间工法，除造价低廉、性能完善外，也给跑道带来一种"郊野感"。跑道两侧种竹形成林荫；露天酒吧以竹竿和竹架板搭建；景观长廊供人休憩；廊桥起拱；屋顶剧场自由开放；观景塔作为制高点可俯瞰大院，并成为显著标识。

灯光设计避免装饰性的"光彩工程"，整个园区及多功能艺术空间均采用常用于基础照明的日光灯管进行变换组合，实现功能与艺术表现的统一。END

1　交叉跑道

2　多功能艺术空间某活动现场

3　内院跑道下的展廊

4　内院跑道下展廊与运动场

5　多功能艺术空间

法国勃艮第村委会综合楼
COMPLEX BUIDING IN VENAREY-LES LAUMES

撰　　文	festa
摄　　影	David Romero-Uzeda
资料提供	Dominique Coulon & associés

地　　点	法国 Venarey-Les Laume de la gare大街
业　　主	Ville de Venarey-Les Laumes
建筑设计	Dominique Coulon & associés Dominique Coulon, Steve Letho Duclos, Architects
设计团队	Guillaume Wittmann, Gautier Duthoit, Architects
面　　积	1 646m²
设计时间	2012年9月

1.01　空调室
1.02　设备间
1.03　幼儿园
1.04　庭院
1.05　工作间
1.06　大堂
1.07　礼堂
1.08　阳台
1.09　露台

0　2　　　10　　　20m

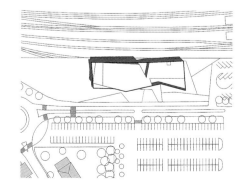

　　Venarey-Les Laumes 村庄是位于法国勃艮第偏远郊区的一个村落。因为地理位置处在铁路线的一侧，虽然位置比较偏远，但却是一座有各年龄层居住的活跃的村庄。为了让居住在此的人们能够享受到文化、艺术以及实用生活的功能，村委会向国家申请一笔经费，在此建造一栋综合楼来改善人们的艺文生活。

　　Dominique Coulon & associés 事务所在接到方案时，需要考虑在此融合会议文化中心、游客中心、活动室、幼儿园、活动公共空间以及可以灵活调整的公共空间等综合功能，又要满足能够形成村庄标志性建筑物的象征性需求。为此，建筑师提出的设计方案则是用悬挑结构来制造建筑立面的折叠曲线，令建筑物以下方轻盈、上方拙璞的方式矗立在地面上。在不同的阳光照射下，各个折面能显示出不同的实线，尤其对于乘坐火车经过的人们而言，这栋建筑物十分引人注意。

　　室内的分割在设计师的处理下划分出不同的功能空间。一楼作为游客中心以及会议中心，幼儿园则放置在二楼。为了保证幼儿园的独立活动空间，设计师在此用围墙来隔离包括铁路火车噪音在内的各种外在干扰。而在三楼设置了一个通透的外立面，则将室外飞逝而过的火车转变成建筑的内部风景。建筑物内部的窗框采用哑光和亮光两种不同材质，将不同的功能区以此联系在一起。 END

1-4　各角度外景

诚品生活苏州
ESLITE SPECTRUM SUZHOU

文字转载于	"诚品eslite" 微信订阅号
图片提供	诚品生活苏州

设　计	姚仁喜&大元建筑工场
地　点	江苏省苏州月廊街8号
面　积	13 000m²
竣工时间	2015年11月

以下内容为诚品生活苏州建筑设计师姚仁喜先生的专访：

我想这个案子有一个清楚的特色：它的基地在金鸡湖畔。金鸡湖具备很好的景观，在这里做设计很重要的一点是要掌握住它的"景"（view）。

所以，我们把这个建筑分为两个部分：塔楼和裙楼——各有独立的特性。塔楼就是要能观景，我们做了很多模拟，考虑在不同的楼层分别会看见怎样的景观。另一个是裙楼，它和周遭的环境要有关系——除了金鸡湖以外，还有一条河、一条街，以及周围的建筑物，我们要把这些景物都综合起来。同时，它也是一个三角形的基地——三个角面向三个不太一样的广场：北边迎接大量商业人潮。东边面对博览中心，比较正式，但人流量不大。南边临河，所以我们做出了亲水平台，也沿河规划了餐厅。把这三个入口的个性都做出来之后，就有了一个有焦点的"T"字型。然而，一般的商业空间大概就会做成4层挑空空间。但我们不想这么做，而

诚品也不是一般的商业体。于是我们在"T"的"一"位置做了一座大型步梯，让人一层层向上爬。这具有一种象征意义：广场基座最高层就是诚品书店——不能说是神圣吧，但有一种令人敬仰的氛围，所以，爬到最上面的那一点就是诚品书店。

所以说，我们有三个广场，是人聚集的地方，像磁铁一样将人潮吸引过来。大楼梯是路径，把人带上去。最后到达一个有光的广场，在三楼的玻璃穹顶下，人潮再分散出去，流向发生艺术活动的展演厅、能望见湖光的餐厅和露台，以及诚品书店。这个过程也可以反过来，在里面洄游，但空间的构架会始终在人们心中。我一直觉得空间的清晰性是很重要的，那会带来一种安心、安定的感觉，因为你知道自己在哪里。所以建筑师在做室内设计的时候，要很清楚户外是什么，比如这个项目，你永远可以从三个入口、三条轴线看到户外，而户外一定有景色：周遭的建筑物、金鸡湖、小河……人们需要很容易定位才能"表演"，才能自在演出自己的

存在，不然就会慌张。

我一直相信，建筑要像舞台，人在建筑中要同时像观众，又像演员。我在早期做诚品敦南店二楼书店设计的时候便有了这种想法。我最初去看那个空间时，建筑物有一个小小的拱窗，可是二楼层高较高，室内空间尺度与建筑外观的比例就不太协调，所以在二楼的室内看，拱窗都在较高的位置；于是在这个空间中，我把靠拱窗的两边抬起来，形成对称的轴线——这样人们就可以坐在窗边，类似欧洲教堂里有长窗的空间。我自己觉得诚品书店的成功之处在于：走在这样的空间中，因为它不是平的，你永远觉得自己像是在表演，同时也看到很多人：坐在台阶上，坐在高处，走来走去。所以那个空间有一种戏剧感——我觉得这很重要，所有空间都要满足人表演和观赏的需求，那会让人在空间中有趣味，有共通感，甚至有安心的感觉。

我很有幸参与了诚品敦南店二楼书店的设计，那是一个早期的案子，所以我与现今诚品氛围的塑造也有一点关系。现在，我

I 建筑全景
2-4 书店展陈空间

1　书店外的大厅
2　展示区
3　挑空设计的内部场景

来苏州做一个超大的诚品，要把人文的感觉带进一个这么大的场域，所以需要做一点设计来塑造"诚品"的感觉，就像讲个故事或者拍个电影，你可以平铺直述变成一个纪录片，也可以变成戏剧。我想要把空间做得很戏剧化，这样人才会有印象。

在这个项目中，也许很多人觉得大楼梯无用，觉得楼梯只要1、2m就行了，何必要做6m。但其实这也可以是一个演讲的地方，一个表演的空间，或者用来做装置艺术，或者do nothing（什么都不做）。这个楼梯本身就很好看，没人的时候也会很好看——但没人的时候可能也就没人看（笑）。而且，这个楼梯把诚品书店在上面这件事情讲得很清楚，不需要人们走到电梯前面看指示牌才知道诚品书店在三楼，再按"3F"上去——那没有戏剧感。我觉得空间的想象需要一种镜头感，像电影中的镜头移动。你到一个好地方，会觉得：这个地方太好拍了！你一进来，看到一座大楼梯，有三个主要的平台，可能

会看到人走上去、走下来，又有人从二楼横穿、消失，三楼又有一个平台。所以，这是一个很精彩的空间，它具有向度：有人在你的上面、下面移动，有人垂直移动，有人水平移动。所以我常说，戏剧的空间一定牵涉到水平、上下移动，这些在电影中都能看到。这种惊喜蕴藏在整个空间的构架和动态中，走在其中，如果你够敏感的话，会感受得到。这和心情也有关，如果你心情不好，走进来，会感受到另一种氛围，那也很好。我一直说，建筑是要适合各种悲欢离合场景的空间，我们不是拍电影，我们是在做一个大布景。

至于为什么我们不要做成普通的购物中心（mall），有挑空，有玻璃电梯等等——那也可以，但好像没有把"诚品"这件事情讲清楚：诚品不止是一个商业空间，也不止是一个文化空间，它包含所有——诚品不需要被定义。有一个比喻：一个西瓜，就是一个西瓜，可人喜欢用刀子切成一半——于是，这一半不是那一半，那一半也不再是这一半，

因为被切开了。但没切开之前，它是一个完整的西瓜。我们所有的分类和价值观区别就在于此，因为我们先切了一刀——文化和商业，很可惜，除此之外我们就想不到其他了。面对某种具有完整性的东西，我们会不安，因为我们无法说。老子说，"名可名，非常名"，你说了那个"名"，就不再是那个"东西"了。因此，体验很重要，心里知道就好了。但除此之外，我们还有沟通、出版的需要，这延伸制造了很多问题——文字是一种钩子，我们都需要好钩子让我们上钩。这就像预告片，也很精彩，但你不要试图看懂预告片，因为你不会看懂。**END**

MUJI 上海旗舰店
MUJI SHANGHAI

资料提供 | MUJI

地　　点 | 上海淮海路755号
设　　计 | 杉本贵志
面　　积 | 3 438m²
竣工时间 | 2015年12月

I.2 以旧原木为元素的设计

3 入口

2015 年 12 月 12 日，MUJI 世界旗舰店在上海开业。整个店铺的设计依旧邀请深谙 MUJI "这样就好"的美学理念的日本室内设计师杉本贵志先生打造，看似"不刻意的设计"，却娴熟地运用了由古船舶延伸而来的古旧原木、沉淀着历史印记的回纹钢之类带着记忆符号的材质，营造出充满自然感的空间。

店内首次在中国推出关注生活至微细节的 MUJI BOOKS —— 书籍与生活方式的提案、以书籍为商品，通过 MUJI 特有的编辑形态，通过"衣、食、住、行、育、乐"6 大主题书架，以及卖场各个楼层中和 MUJI 商品的融合，以独特的视点，提供生活者各种潜在的需求。AROMA Labo 香薰工坊、和可围绕生活展开各种讲座、展示会、工坊等活动，完成和顾客们互动交流的 Open MUJI 空间，以及 Re MUJI 商品群。另外，由日本带来中国的 Café & Meal MUJI 料理餐厅、IDÉE、Found MUJI 也不断呈现新的体验。而

MUJI YOURSELF 更是在广受好评的刺绣工坊，除印章展台外，首次推出了布面彩印以及礼品包装柜台，从礼品的挑选到包装，从里到外都独一无二，个性满分。

在 MUJI，简约是一种风格，对于环保和天然的追求是 MUJI 对于人和自然的不断反思，无时无刻不考虑着可延用、可循环。也许在 MUJI 上海世界旗舰店外墙上悬挂着的、由无印良品咨询顾问之一的平面设计师原研哉先生团队亲自拍摄于印度尼西亚东部的"拉贾安帕特群岛"，名为"地球的颜色"的巨幅海报，便诉说着对于自然的感恩与珍惜，这种情愫遍布在店内的每一个角落、浸润在每一件商品上。

进入 1 楼，一艘古船映入眼帘，这样将人类在自然中遗留的印迹引入店铺的设计是 MUJI 的又一次大胆尝试。在由古船延伸而来的古旧原木营造出的质朴空间里，汇集着女性、儿童、旅行这些生活色彩中最柔软的部分。此次在上海世界旗舰店中，首次在

中国导入的 Re MUJI，是 MUJI 思考的将从生产到销售最前线的过程中产生的衣服余料，进行再利用的活动。利用重染的方式，赋予其新生。善用自然所赐的资源，每一件 Re MUJI 的衣物都体现着 MUJI 的不让资源被无谓浪费的思想。MUJI Labo 的服饰从过度装饰中得以解脱，选用环保天然的材料，注重舒适性与功能性，让您摆脱束缚，自在舒畅。MUJI to GO 卖场以旅行为主题，而 MUJI 的自行车将延续 MUJI 的环保理念兼具美观实用。来一段畅快自在的骑行之旅，释放都市中的疲累是何等快意。

在 2 楼的楼层中间设计师搭出真实的屋顶和住家，其中不断变换着您对"家"的所有构想，为您的家提供温暖而舒适的"住空间"灵感。在这里您也会发现来自东京的家居品牌 IDÉE，这里将提供 IDÉE 最有代表性的原创家具，而 MUJI 专业的"IA 家具搭配顾问"会随时为您提供详尽完备的解决方案，您可提前预约免费的家具搭配咨询，然后将搭配提案的设计图纸带回家，将"感觉良好的生活"延续到我们生活的每一场景。

走上 3 楼，以"素之食"为主题的无印良品餐厅（Café & Meal MUJI）此次在上海采用了全透明的厨房设计，还有让生活增添色彩的食器，让餐桌更具生机的用品，以及 Found MUJI 为您"去寻找、去发现"而来的

青白瓷生活用具等等。

"MUJI BOOKS"书店无疑是另一大亮点，不仅在 3 楼以"衣、食、住、行、育、乐"六大主题展开集中书架，更是将书籍与商品一同"编辑"，在每个楼层，都有 MUJI 为您准备的书架，放置精选的书籍，让您在挑选商品的同时，可尽善尽美地利用 MUJI 提供的各款良品，构想自己的生活，呈现丰富的提案。在三楼的一隅，是首次来到中国的"Open MUJI"的空间。在这里，将定期邀请艺术家和手工匠人们，围绕着生活的各个领域展开精彩纷呈的讲座、或手工工坊，有时也会营造出可以和大家一起深思的展示空间。MUJI 希望将这个空间构筑成能够和大家一起来共同思考"感觉良好生活"契机的场合。**END**

1-6 muji 商品的展陈设计

```
| 1 | 4 5 |
| 2 3 | 6 |
```

1-3　产品展示空间

　4　IDÉE 原创家具陈列区

5.6　"住空间"展示区

衡山·和集
THE MIX PLACE

| 资料提供 | 内建筑设计事务所 |
| 摄　影 | 陈乙、阿科米星、衡山·和集 |

建筑改造	阿科米星建筑设计事务所
室内设计	内建筑设计事务所
项目地点	上海衡山路
项目面积	1500m²
主要材料	清水泥、紫铜、黑钢、旧木板等
设计时间	2014年12月
竣工时间	2015年11月

1 | 2

1 由阿科米星设计改建的建筑外观
2 衡山·和集9号楼入口

"衡山·和集 The Mix Place",古意为"和集"、英译 [MIX] 为混合,因此,"衡山·和集 The Mix Place",是中国当代生活方式的混合实验室,是包含人文时尚慢生活文化商业社区,是上海人的精神后花园。衡山·和集由4栋独立建筑构成,分别是 The Red Couture、Dr. White、Mr. Blue 和 My Black Attitude,约 1500m² 的设计空间,从设计到完工整整花了1年时间,这对于高效率的内建筑来说是极少见的,用内建筑合伙人孙云的话说,是怀着对文化人的尊敬,用匠人之心打造的空间,用手艺人的态度,运用了大量的独创、定制,很多都是手工打磨,每一栋楼每一个细节都体现出了专注、技艺、独特以及对完美的追求。

9 号楼:My Black Attitude

9号楼是生活研究所,由 YNOT 概念店、实验生活馆、HYSSOP 服装等品牌构成,融合服装、家居、首饰、香薰、生活用品等品类,打造原创精神为先锋的原生态概念性聚焦地。设计创意也是秉承了"独具匠心"的理念,HYSSOP 作为孙云、沈雷等几位设计师共同打造的一个设计师先锋服装品牌,其设计理念就是"匠心精神做服装",所以室内的空间也是运用了大量的手工工艺及原始材料。用紫铜加水泥和旧木板打造的展示柜,既有复古工业风,又有时尚美感,"铜可以让人特别亲切,又有铜本身的价值感,它虽然是金属,但是金属里最柔软的,

铜手工锻打是比较容易实现的,淬火之后本身有一种颜色的变化,非常漂亮。"孙云说。

除此之外,设计师用了大量的清水混凝土做室内空间造型,从楼梯到室内各个空间,清水混凝土的质朴色调,与整个空间的品牌相呼应,极具设计感;黑钢打造的柜子,酷酷的外表下隐藏着"温暖之心",设计师用了折叠的三角造型,事实上斜面折叠的处理,给人带来"薄"的视觉错感以外,两个斜面里面隐藏了一个 LED 的灯光,上面一层的灯光可以柔和的撒到第二层,既美观,又实用。

YNOT 是由例外和山本耀司合作开发的一个新的服装品牌,空间设计同样也是沿用清水混凝土材料做的造型。

10 号楼:Dr. White

Dr.White,主要是"方所",这里有中国第一家影像主题的专业书店,也有中国大陆最全、最专业的进口杂志书店——杂志博物馆,囊括了1万种品类、总计2.5万册图书及500种国际杂志。

一层是电影主题空间,结合了电影文学书店与咖啡文化,开辟影像咖啡空间,并定期配合举办摄影展。书架结构巧具匠心,将老家具镶嵌在整体书柜中,综合各类书籍、音像制品,构筑混合生活记忆与声光美学的悠闲空间。

咖啡馆的吧台设计和桌椅也都是特别定制的,咖啡吧台的铁艺全部做旧,铁艺上

面的花是翻出来的,有种复古的美感。书架是拿旧柜子和新做的柜子混在一起拼出来的,一个中式的老柜子镶在新柜子上。原来的窗户全保留,窗户的下面做了一个矮矮的沙发,人可以坐在沙发里面看书,很舒服,前面一个小桌子可以喝咖啡。

二层是影像主题空间,有建筑、摄影、绘画、艺术、时尚等书籍组合而成。其中角落的 Pop-Up Store——"蛋屋"是内置建筑物的空间创新转换,旨在期冀于这个私密空间能激发人们的创意与灵感。像一个蚕茧,切了四分之一,里面是另外一个小书店,叫游击书店,这个墙全部里面有一层钢丝网,都是钢丝,外面用纸浆涂上,所以光亮的时候外面看到里面像一户人家。

二层用了很多搓衣板,拿搓衣板做的书架,增加它的趣味性。

三层是一个杂志博物馆,这是中国大陆范围最全最专业的国际杂志店。

12 号楼:Mr. Blue

Mr. Blue,是以例外男装为主的男士生活博物馆,打破了业态的界限、混合东西方的文化风尚,以绅士生活理念研究所的概念,探索现代男士的生活方式。整个空间涵盖了服装、皮具、护理品、机车、创意数码产品、主题咖啡馆和酒吧。

这一片是椅子,两块大钢板隔断,其中一块钢板是弯过去的,包裹起来做成一个试衣间,在视觉上形成很好的空间感。

```
1  | 3
2  |
```

1-3　集生活研究所、独立服饰品牌与生活用品在一起的9号楼

内建筑合伙人之一沈雷说，在设计衡山和集中，有几个关键词始终贯穿其中——社区、聚落、偶然、可持续。衡山和集有4栋独立建筑组成，类似一个小型社区，需要有关联的统一标示，又要突出每一栋的不同个性。

在空间结构以及材料运用中，突然的灵感显现、偶然性的创意增加了整个设计的趣味性与独特性。而可持续性是内建筑一贯追求的，不仅将大量的老物件设计其中，体现在书架、地板以及各种装饰。唐朝的王士源在《〈孟浩然集〉序》中写到，"文不按古，匠心独妙。"设计也是如此，衡山和集运用了大量的原创，"不按常理出牌"是内建筑设计一贯的做法，而设计上体现的独具匠心，也将衡山和集成为了上海的新地标。**END**

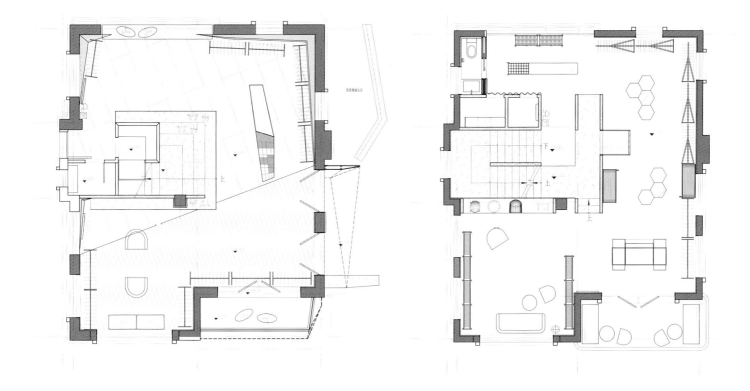

I		
	2	3
	4	

I   如同家居氛围的场景式生活用品陈列

2.3   9 号楼平面图

4   独立服饰 HYSSOP 的展陈

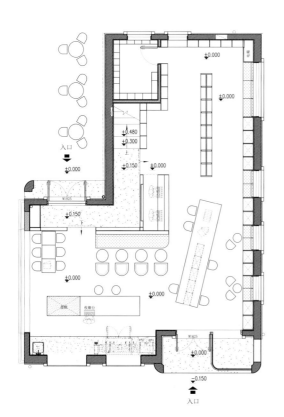

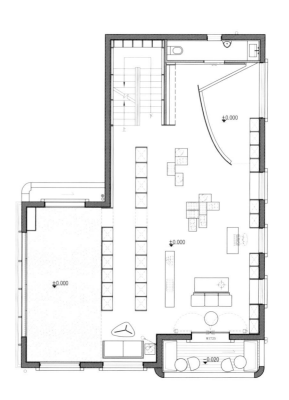

1	4
2 3	5

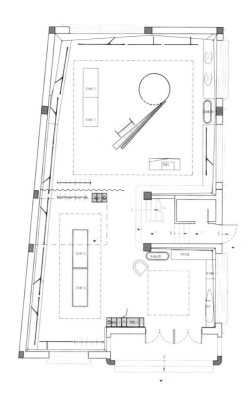
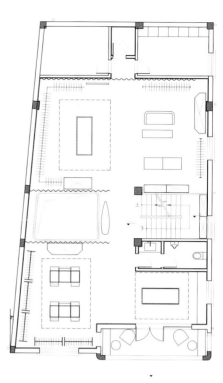

I-3.6 例外男装展陈区

4.5 12号楼平面图

明影片公司坡州大楼
MYUNG FILMS PAJU BUILDING

摄 影	JongOh Kim
资料提供	承孝相/履露斋建筑师事务所

地 点	韩国坡州
设 计	承孝相/履露斋建筑师事务所
用地面积	3 294.70m²
建筑面积	1 644.80m²
层 数	地下2层，地上4层
结 构	钢筋混凝土
竣 工	2015年

由韩国履露斋建筑设计事务所近期完成的明影片公司位于韩国坡州市，是一个不仅仅局限于电影制作之用的建筑。

明影片公司是一家相对年轻的电影制作公司，曾制作并发行过多部引起广泛讨论的热门电影作品，比如很久之前发行的《伤心街角恋人》和近期的《建筑学概论》。可以说，明影片公司在韩国当前电影产业并不景气的情况下仍然取得了一些成绩。

为了改善韩国恶劣的电影制作环境，他们计划建立一家电影制作学校，可以容纳多功能的表演、聚集和展厅空间，向公众开放，同时在建筑中融入一个豪华餐厅。

明影片公司希望建筑内不仅要有私人住宅，还要为未来电影学校的学生和游客提供宿舍和客房，因此该项目是一座兼具制作、消费、文化和住宅等属性的小城。当然把想象和虚构的世界（或者说美好的愿望），即俗称的"电影"中的画面，复刻到现实生活中是很难的。

为了打破原有的不合理的以交通工具为中心的道路系统，建筑师采用了以行人为导向的内部道路系统，将整个体块划分成

两部分。道路穿过项目中心，成为这座小城的主广场，人们可以在这里自由聚散、停留。广场内有多条通道，与周围地区紧密相连。曲折的道路旁边有一个绿树成荫的公园为这座小城提供了公共空间。

体块被划分为两部分，用连桥连接起来，顶部的露天平台可以用来观看和呼应小城内部的广场和道路上发生的活动。此外，朝向广场的主体块周围建起了透明玻璃墙，从户外可以清晰看到大部分的内部活动，形成了一幅美丽的生活风景画。

项目内部更像是一座城市。内部设置了各种功能空间，道路系统发达，还有小公园和休息区四散各处。当然，各个空间都与户外保持着密切联系，并且彼此开放。

顶层住宅是私人区域，尽可能保证最大限度的私密性。居住在这里的家庭也形成一个小社区，因此内部空间也层次分明，建筑空间充满多样性。混凝土本身是一种结构材料，同时也是外部饰面材料。混凝土材料是古罗马人发明的，距今已有2000年的历史，但现在依然没有一种材料的属性能够超越它。制作者的技术水平和准确度、

自然环境和长时间的形成过程以及对最终呈现结果的不确定性在建筑师看来都带有庄重的宗教仪式感。

这种材料能够随着时间的流逝保持相对稳定，如果细节处理到位可以永久存在。建筑是永恒的，但会随着时间而有所改变。这不就是我们一直追求但难以实现的终极建筑目标吗？

安德烈·巴赞（Andre Bazin）曾说过，"电影是把客观的瞬时画面定格在时间中"，对于一座电影制作公司大楼而言更是如此。

建筑总是作为一道不断变化的景观而存在。它牢牢固定在地面上，但它只是一个基础设施，在它的基础上，景观被频繁地附加到建筑上，而且会发生某些变化。景观不断累积，并随着时间的变化改变建筑，小城最终就变成一座建筑。建筑不是由某一位建筑师创造的。建筑师认为居民创造的景观才是建筑。或许，正如以第三方的角度拍摄的电影呈现的并不是电影导演的个人意图，电影的精髓就是要保证客观现实，而真正的建筑也该如此。所以，明影片公司大楼本身就是一座小城、一部电影。■

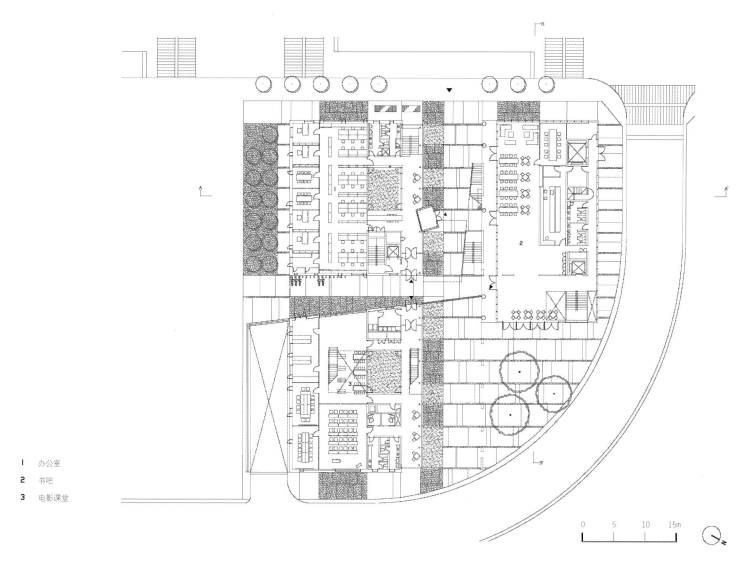

I 办公室

2 书吧

3 电影课堂

0　5　10　15m

I	2	
	3	4

I.3.4 建筑外景

2 一层平面

I-3.5 由公共空间与走道连接的建筑空间

4　剖面图

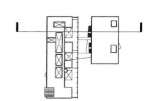

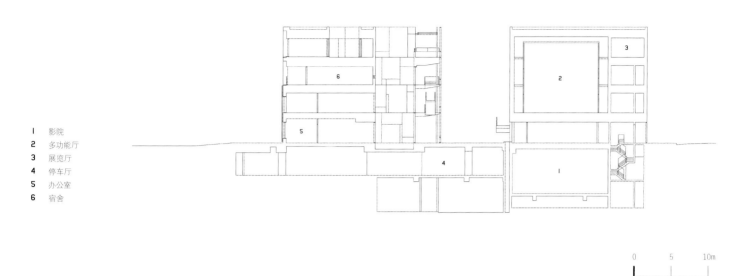

1　影院
2　多功能厅
3　展览厅
4　停车厅
5　办公室
6　宿舍

0　　　5　　　10m

德国耶拿 SONNENHOF 综合楼
SONNENHOF IN GERMANY

撰　文	festa
摄　影	David Franck
资料提供	J. MAYER H.建筑事务所

地　点	德国耶拿Sonnenhof 9
建筑设计	柏林J. MAYER H.建筑事务所
项目建筑师	Jens Seiffert
设计团队	Juergen Mayer H.,Jan-Christoph Stockebrand, Christoph Emenlauer, Max Reinhardt, Christian Pälmke
业　主	Wohnungsgenossenschaft "Carl Zeiss" eG, Jena
面　积	9 555m²
造　价	16 000 000欧元
设计时间	2008年~2014年
竣工时间	2015年

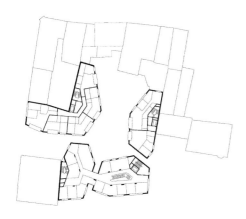

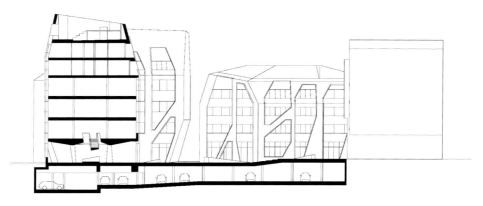

在历史保护建筑群落中新建当代建筑，无疑是对建筑师的挑战。这座位于德国耶拿历史保护城区的综合楼 SONNENHOF，在设计之初正面临着这样的挑战。项目的甲方是发家于德国魏玛、成名于耶拿的光学仪器制造商卡尔·蔡司，他们想对原厂区办公楼与宿舍所在的区域进行一次翻新。获得改建设计项目的 J. MAYER H. 建筑事务所用了近 6 年的时间，以融合公共空间、住宅、办公以及商业空间在一起的方式，来重新激活这个区域。

SONNENHOF 综合楼从俯瞰的视角而言，是一个由四座大楼围合的区域。场地的公共空间相当于四个建筑物加起来的占地面积，设计师的规划思路是在此模拟一个中世纪城市庭院的结构，以此留出足够大的空间作为公共使用。同时，也让这个现代设计的综合楼与耶拿城历史区的整体环境相融合。

四栋楼的设计符合城市的限高，由于所在区域的面积并不大，建筑师利用楼宇之间的通道与城市街道和广场相互连接，融入进城市的交通网络中。

建筑物的外观与广场的设计风格一致，用白色作为基调，黑色来确立窗框的位置，并以黑色线条的绵延设计将空间、广场绿地与灯柱之间衔接起来，构成空间视觉的完整性。在使用功能上，四栋用于住宅、办公与商业店铺的楼宇分别以多边形几何结构来形成室内与室外的风格统一，而这样富有创意的造型空间，也激活了在此生活与工作的人们的创作灵感。

设计师希望使用 SONNENHOF 综合楼的人们，能够以自由的方式来完成日常生活、工作、闲暇时间的运动、购物等行为转变。这些不设"边缘"的空间设计，既延续这座古城的城市文脉，又能赋予人们现代化的生活节奏。END

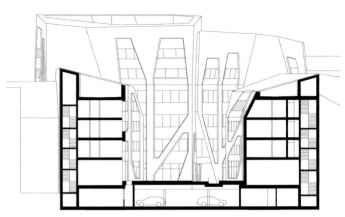

```
| 1  2 | 5 |
| 3  4 |   |
```

1.3-5 黑白基调的室外与室内
2 剖面图

奥洛特小镇游客办公室
TOURISM OFFICE OF OLOT

译　写　　　小树梨
摄　影　　　Marc Torra_fragments.cat
资料提供　　arnau estudi d'arquitectura

地　点　　　西班牙奥洛特
项目发起人　Ajuntament d'Olot—Consell Comarcal de la Garrotxa
建筑公司　　arnau estudi d'arquitectura
建筑师　　　Arnau Vergés i Tejero
工程技术　　Josep Ma Codinach Frigola
施　工　　　Puig Alder, SL
完成时间　　2015年6月

这是一个相当有意思的委托：将废弃的旧医院改造为小镇的新门户——游客办公室。在建筑师看来，其中所必然涉及到的功能转换问题尽管相当重要，然而，如何将小镇的自然风光及人文、历史内涵灵动地延续下去，更是重中之重。对此，建筑师有着这样的解读，公共建筑不仅仅是一栋楼而已，它同时也是公共空间的一部分，是维系公共交往的场所。

几番思量之下，建筑师最终选择了对旧医院的储藏室及厨房进行改造。这部分空间内有一处拱券长廊，位于人行步道及内庭院之间，早在16世纪便被建造起来，故而有很高的历史及建筑学价值。在20世纪60年代，由于医院的扩建工程，内庭院的两个入口之一被关闭了，削弱了内外空间的交流。而改造后，内庭院重新焕发出活力，起到了连通外部空间的作用，有助于小镇居民丰富社交生活。为此，建筑师还替内庭院新开两个入口，其中之一就位于街角处旧医院的大楼梯之下（该楼梯建于1729年）。沿着这个入口往里走，人们会先途经拱廊，在此处同时也能欣赏到内庭院里的优美景色，穿过商店区后，便能到达游客办公室的核心区域。

建筑师对这块呈线性的空间进行了功能分区，并从游客的感官体验出发，将这些功能区重新排序，组成有序的空间序列：自助式信息查询点被放在入口处，方便游客更快查询到所需的信息及资料；其后是休息区与礼品商店，休息区在历史悠久的拱廊空间内，闲来一坐便可得见旧时内庭院的动人风景，而商店内则摆放着充满现代气息的纪念品，庭院之旧与商店之新碰撞，本该是矛盾

对立的两者却因厚实的白色拱廊的连接而变得和谐且柔和；再往后便是多媒体播放区，人们可在此观赏介绍小镇风光的影片；而在最内部还设有为游客提供一对一服务的柜台，而这也是整个游客办公室的核心功能区。

在建材选用方面，建筑师坚持就地选材、化繁为简的原则。取自小镇天然地基的火山泥，在改造中被多次使用，就如步道、拱券以及顶棚处；而火山岩也在墙体与立柱部分有所使用。以火山泥、火山岩为基底，再以铁艺及橡木为装饰，朴实的质感与简洁明快的线条相配合，既展现了小镇特有的风情，亦不失时尚。许多小细节处，更是藏了无限惊喜，就像是由芦苇及柳条编制而成的座椅和灯罩，均是当地手工匠人为这处游客办公室所特别设计定制的。编织物特有的温暖质感，再加上当地匠人融在手作物中的独到用心，人们或许很难不被这座小镇的脉脉温情所打动。

游客办公室不仅仅是一座公共建筑，它更是小镇风景的门户所在，每一面墙、每一根柱子，甚至是每一张椅子、每一盏灯，都当直入小镇的实质，还原其本真之美。轻轻推开这扇门，小镇美景便近在眼前。END

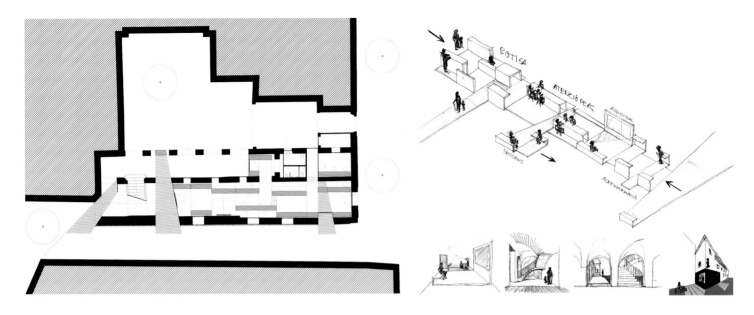

1　平面图

2.3　设计草图

4　拱廊下的休息区

5　从商店看向自助查询区

6　商店

7　自助查询区

荷兰天台公园
ROOFTOP PARK

资料提供	bulwark Sint Jan
摄　影	Tekton bouwmanagement, Niels van Empel, Marlène van Gessel, Martien van Osch, Maud van Roosmalen, Rosanne Schrijver

业　主	斯海尔托亨博思市政府
地　点	荷兰斯海尔托亨博思s-Hertogenbosch
设　计	OSLO Ontwerp Stedelijke en Landschappelijke Omgeving Berlicum, Netherlands Martien van Osch
建筑景观设计	Van Roosmalen van Gessel Architecten e.p. Delft, Netherlands、Marc van Roosmalen & Marlène van Gessel
图纸绘制	OSLO Ontwerp Stedelijke en Landschappelijke Omgeving
基地面积	2 500m²
公园面积	700m²
竣工时间	2015年

	2
1	3
	4

1　从河道角度看公园
2　从街道角度看公园
3　演示图
4　场地平面

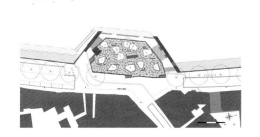

　　荷兰斯海尔托亨博思是一座距离阿姆斯特丹一个多小时火车车程的南部小镇。自古以来，这座城市因特殊的地理位置，成为可攻可守的一座坚固的城池。天台公园所在的位置，就是直至19世纪末还存在的堡垒的所在地，曾经是斯海尔托亨博思历史上四个主要的对外防御口之一。今天，人们在此依然可以看到中世纪时代的鹅卵石小径、古城墙的遗址以及战争的历史遗迹。为了保留历史遗址，又能激活这块场域的功能，这里被改建成兼有公园、古迹展示厅、餐厅以及主要交通道路的复合空间。

　　利用古堡的坡度，建筑师在此设计出一栋单层的建筑，一楼实际上处于半地下的状态，餐厅与古迹展示厅位于此处。内部顶棚的设计则模拟船舱的曲折与扭结，用弯曲的支柱来代替横梁，以此来纪念大

航海时代的荷兰人。在展厅内部，人们可以在此看到古堡的城墙。公园的位置就在展厅的上方，稍许比街道高出几个台阶。虽说面积只有700m²，公园在并不宽敞的空间里，但设置有足够的座椅，并且拥有俯瞰河道的最佳视野。公园的地面设计，考虑到对于建筑的承重，采用了一种为此量身定制的混凝土砖，类似浮冰的造型，比一般的混凝土砖更轻，同时，配合用瓦片做底、铺设瓦砾来种植大型树木，这款混凝土砖也可以让大型植物能够健康成长。

　　天台公园的坡度设计，也让所在位置的街道自然地融入场域之中。公园旁的道路是当地人沿河跑步或是骑自行车的主要道路，坡度的设计，以及建筑沿河的曲线设置，令半开放设计的天台公园兼为一处方便路人自由出入的公共空间。 END

1-3.5 各视角细节图

4 纪念馆内景

香港元创方
PMQ WITH PARTICIPATION & CO-CREATION

撰　文	festa
资料提供	PMQ

地　点	香港中环鸭巴甸街35号
面　积	1.8万m²
设　计	"同心教育文化慈善基金会"、香港设计中心、理工大学、知专设计学院联合改造
设计时间	2010年11月–2014年

1　连接两栋楼的花园平台

2　楼道

3　插画风的平面图

如今已成为文化创业地标的香港 PMQ 元创方，原是 1862 年创建的中央书院原址。作为香港第一所面向大众的西式教育学校，这里曾有不少名人在此就读，比如 1884 年孙中山先生曾在此读书。由于第二次世界大战时期遭到严重破坏，1951 年起，学院原址被改建成初级警察的已婚宿舍，一直到 2000 年起被闲置起来。2009 年，香港特区政府宣布，将这个位于中环重要位置的三级历史保护建筑以文化创意的新模式来"活化"这块被遗忘的区域，作为八个《保育中环》的项目之一列入《施政报告》中。

在为期四年的改造过程中，负责改造的设计方考虑到伴随香港营商周以及日益上升的设计创意产业，将拥有 7 个楼层的左右两栋大楼改建成一个促进创意型企业互动与交流的空间。

两幢主楼的名字分别为好莱坞（Hollywood）和士丹顿街（Staunton）大楼，分别以其相邻的街道，即荷李活道及士丹顿街之英文名命名。在四楼的位置设计了连接两栋大楼的花园平台，一则作为通道方便穿梭往来，二来也是两栋楼间的公共空间，方便工作室在室外举办小型活动。场内通道均属无障碍设计，照顾各方需要。

PMQ 包括 130 间工作室，一间可以容纳 60 人活动的教育空间，以及内设有两个完备影音器材的视听室 KEF Studio x PMQ。如今，不仅有陈列香港本地原创设计的工作室，也有历年获得日本 Good Design 奖设计作品的 Good Design Store。

除了提供给本地及国外设计师工作及店铺的场所，在 PMQ 的 5 楼则变身成为资源中心，设计里了美食图书馆（Taste Library）以及佳能工作室（Canon Studio）x PMQ 的展览互动区域。美食图书馆分为期刊阅读室、图书阅读室及开放式厨房区域三部分，会定期举办各类交流活动，包括新书发

布会、烹饪分享会及烹饪示范等。佳能工作室 xPMQ 是为 PMQ 元创方租户而设的摄录设施，可进行产品或人像摄影及摄录。佳能亦会为租户提供相关的培训，未来亦会在 PMQ 元创方举办各类摄影活动，推动摄影文化。此外，同层亦设有六间酒店式客房名为 Designers-in-Residence，PMQ 元创方会邀请世界各地著名设计大师来 PMQ 元创方短住，与各位设计师及公众交流。六间客房其中三间由日本品牌 MUJI 设计，另外三间则由英国设计公司 Conran and Partners 设计，体现东西方的设计风格。 END

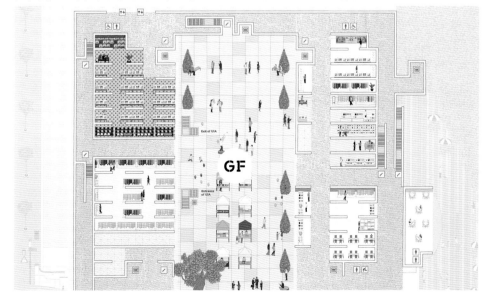

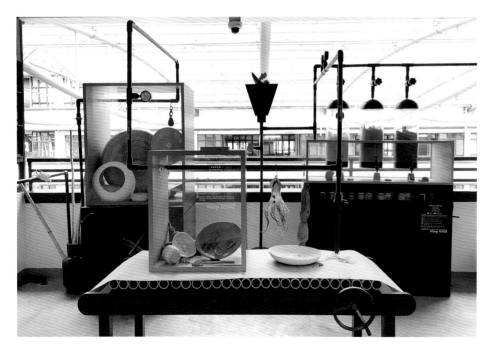

Vπ 集合空间
Vϖ SPACE

撰 文	张杨
摄 影	APhotograph
地 点	中国上海浦东张江碧波路635号上海传奇广场1楼南侧
类 型	创新空间室内设计
业 主	张江科技投资有限公司
面 积	650m²
设 计	张杨
设计团队	吴晶星
设计时间	2015年9月～ 2016年1月
竣工时间	2016年1月

Vπ 是一个集合创业演讲，创新活动和意式简餐厅的混合空间，很难用三言两语讲明这里的用途或许就是对这里用途的最好描述。因为希望更多超越既定规划的可能性、更多的跨界碰撞和更多意料之外的惊喜可以在这里发生。

设计的初衷产生于想要刻意打破原有场地四四方方的稳定感，通过一些斜线的交叉，分隔出一些形状更不规则的子空间，每个子空间对应一种覆盖天地墙面的单一颜色或材料，来强化这个空间的个性化体验，每个子空间也对应了一种差异性的功能。

木地板区是一个能容纳50至60人的阶梯教室，这个空间处于整个空间的视觉中心，以体现这里的核心价值：展示和交流。阶梯向上一直扩展到二层的夹层空间以应对不同人数以及活动规模的观众，黄色区域的吧台、水泥地面的简餐区作为日常汇集人气、导入流量的另一条途径围绕在阶梯教室侧面。南侧的蓝区和地毯铺装的金融签约区可分可合，日常是独立的就餐区和会客室，在有大型活动的时候则可以打通成一个连贯的大空间。

一个空间设计师在复杂的创新创业进程上能做的真的很有限，我希望通过创造不同形状和使用趣味性和多样化的色彩来激发来到这里的人们产生新奇感，也希望这种新奇感，能更多地转化为与人交流的欲望和创新的冲动。

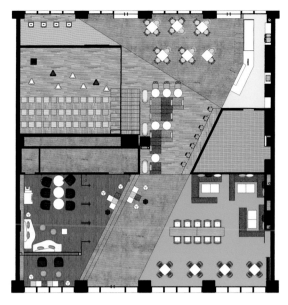

1 入口
2 平面图
3 大楼入口
4 前台

```
┌─┬─┐
│1│4 5│
│2 3│6│
└─┴─┘
```

1　演讲厅

2　创新工作室

3　楼道涂鸦

4-6　各功能区

```
 I   4  5
2  3   6
```

I-3 会议、办公、演讲一体的多功能空间

4.5 走道

6 会议展示空间

半层书店
UPPER BOOKSTORE

| 撰　　文 | 韩晶 |
| 摄　　影 | 苏圣亮 |

地　　点	上海市虹口区哈尔滨路129号
类　　别	独立书店
面　　积	250m²
设 计 师	刘珩、韩晶
设计团队	李红星（结构）、田欢（灯光）、黑一烊（VI）、张宇星（LOGO）
设计时间	2014年6月~ 2014年9月

1、3　书店外景
2　内景

上海市虹口区哈尔滨路，是一片具有丰厚文化底蕴和浓郁生活气息的历史街区，以原虹口港为核心，沿着一泓碧水，分布着近代远东最大屠宰场——1933老场坊、虹口港老冰库、汇芳锯木公司、大东浴室等各色公共建筑和兰葳里、瑞康里等大片肌理完整的石库门住宅。光阴荏苒，昔日的屠宰场、冰库、厂房变身成了创意园区，石库门中的老上海生活场景还在年复一年缓缓地上演。

半层书店就坐落在哈尔滨路129号，

它的邻居既有酒吧、咖啡馆、蛋糕店，也有杂货铺、小菜场，文化与日常生活每天都在对话，它们共同组成了一个略带奇幻、混杂多元的文艺拼图。

由于主人的刻意挑选，半层书店的内部空间在改造之前就非常特殊。首先，它是由两个年代的空间组成。书店南侧空间的所在，是始建于1920年代的哈尔滨大楼，该大楼最早为美国商人开设的汇芳锯木公司，抗战时期曾做过避难营，解放后成为辛克机器厂的厂房，古老的厂房空间狭长低矮，高不足3m，长度则达35m；而书店北侧的空间，则是1980年代增建的钢结构厂房，压型钢板屋顶、方正的形态、4.2m的层高，构成了一个典型的现代建筑空间。除了年代不同、空间形态不同，这两部分空间在相对关系上也非常有趣，近代的空间是东西向的，悬浮在3m标高上，而现代的空间是南北向的，坐落在+0.00标高上，它们在平面上也没有上下对位，而是相互垂直，呈现十字交叉形，二者仅在南入口处出现交叠。这样的空间格局既是天作，也出自人为。事实上，悬浮在3m标高上的空间本为办公空间，它与+0.00的一层商业空间毫无功能和空间的联系，是作为建筑师的主人刻意选择了它们，通过改造将二者组织在一起，才构成半层书店十字交叉、上下错层的奇妙格局。由于书店区主要设在悬浮于半空的二层，"半层"的名字也是

由此应景而来。

经过改造的半层书店，总面积为200m²，分为一、二层。一层南部是设计制品和新书销售区，北部是书吧和活动区，中间的夹层上是艺术图书区，夹层下是水吧；二层东部为书店区，西部为书吧区。

基于特殊的原始形态，半层书店的室内改造设计在空间结构层面，运用拆解、插建的手法，对空间进行重新分割和重组，形成丰富的层次。在每一个空间体块内部，运用钢、木、混凝土三种材料和温暖的光线，营造出优雅的空间氛围。

首先，在书店的南入口——也是一、二层空间唯一的重叠处，将原有楼板打开，用一个轻盈的钢楼梯将两个空间联结起来。东西向二层和南北向一层之间的竖向隔墙也被打开，换成透明白玻璃，引入更多自然光线。钢楼梯周边全部做成书架，架上展示最美图书，形成一个圣洁的"书之光井"。

为了最大化地发挥一层层高4.2m的潜力，在一层空间中部将地面局部下挖，插入一个夹层，夹层下面用原色冷轧钢板围合出一个小小的水吧。这个夹层既是一个独立的书斋，也是一个小小的展览场，更是一个有趣的"静观空间"。在夹层上闲坐，既可透过玻璃仰视二层的人来人往和远处的石库门屋顶，也可俯瞰一层书友们的观书百态。

与迷宫般丰富的空间格局相反，室内

```
I    2   3
          4
```

I.3.4 悬挑在半层的书架设计陈列

2 饮茶区

的材质采取了简约、质朴的原则。每一个空间体块都采取墙、地面材质完全统一的逻辑，书店区全部使用暖色木材，书吧和活动区全部使用水泥，改建、插建的一切则直接暴露钢结构。木材、钢材、水泥，这些最质朴的建筑材料用传统的手作方法加工，再用亚光清漆覆盖，木材的纹理、水泥的抛光、钢结构的焊点打磨和除锈等一切手工痕迹都被保留、展示出来，表现着材料、工艺本身朴拙的美。书店的灯光选取较低色温的暖色光源，光、影更加清晰地刻画出手作的细节，将简约、统一的材质活化，营造出生动、宁静、质朴的氛围。

在硬质装修之外，书店内的家具、陈设也经过精挑细选，每一件都有特别的文化内涵。书吧区的小沙发是昔日法租界鞋店的旧物，当午供客人试鞋的座椅被重新包上牛皮，成为阅读的座椅。墙面悬挂的装饰画是用店主收藏的老印刷品装裱而成，每一张都有几十年历史，内容既有建筑主题，如旧上海的建筑材料、纽约帝国大厦的施工机械、1950年代的美国城市规划图，也有政治漫画，如1940年代的香港虎报等，既雅致又可读。在一层书吧的角落，还有一副当代艺术作品——哭泣男孩，它是著名设计师黑一烊创作的"金钱计划"人物系列之一，男孩哭泣面孔上的每一个细节均由不同面值的货币拼贴而成。透过这个物质化的最大表情，书友们可以在阅读之余，重新思考金钱、欲望和诸多社会现象之间的关系。

除了室内设计之外，既然处于一个非常独特的环境，半层书店的外立面设计也采用了映衬和对话的原则。在沿哈尔滨路、与兰葳里相对的南入口，我们用原色花纹钢板和透明玻璃塑造出一个造型独特、"会说话"的主立面。白天，阳光下的玻璃反射出街道上熙熙攘攘的行人和石库门下悠闲的市井生活，花纹钢板上经过打磨的花瓣也折射出细碎的光斑；夜晚，灯光亮起，透明玻璃仿佛消失了，充满文艺气息的书店空间清晰地向街道透射出来，吸引着路人的目光。从白天到夜晚，不同的时间，书店的立面用光与影讲述着不同的生活、不同的风景。

在一个有历史的地方、选择一个老房子，用心改造空间，用心选择图书、搭配食材和制造产品，以简约、质朴、自然和创意来形成"美"，这就是半层书店。我们期望，书店不仅是一个文化消费空间，更是一个日常生活的美学体验场。生活在凡尘俗世中的人们，能在此重新发现日常生活中点滴、自然的美，回归内心的宁静。**END**

布拉格 Showroom 工作室
SHOWROOM IN PRAGUE

撰　　文	festa
资料提供	showroom

建 筑 师	Zuzana Hartlova
地　　点	捷克布拉格Klimentská 3
网　　站	www.showroomdot.cz
面　　积	85m²
竣工时间	2015年6月

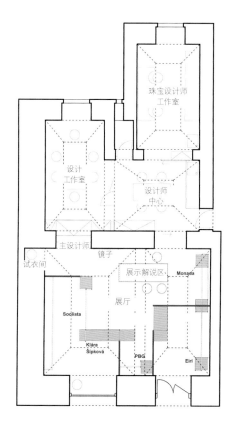

受到欧洲经济局势的影响，越来越多的设计师选择以合作的方式共同分享工作与销售的空间。这间坐落在捷克布拉格市中心的Showroom，正是这样一个复合空间。建筑空间所在的楼本来也是一栋具有近百年历史的老建筑，在改造之前，已经作为住宅使用了数十年。

当建筑师 Zuzana Hartlova 接到这个项目进行改造时，不仅需要考虑将原本的住宅改造成商业空间，也需要考虑未来这个空间的 7 位使用者。这 7 位设计师分别涉及设计、珠宝、服装、工业设计、陈列等设计领域，而他们的作品也需要在此陈列。除了工作室的部分，还需要留出足够的空间用作工作车间，摆在其中的设计品大部分也将在此地诞生。

设计师以黑线将无数的白色空间划分出来，用来当作画框的黑线——涂上黑漆的金属线同时起到了摆设与陈列的作用，本身也是一件陈列展品。移门是将这个只有

85m² 的空间运用到极致的工具，既可以让陈列空间进行最大规模的敞开，亦可以让每位设计师在此工作时具有足够的私密空间。作为集工作室、生产与销售为一体的空间，建筑师把可能干扰视线的设备做了减法。比如为了应对捷克的寒冷气候，整个空间加设了地暖，而避免了空调内挂机对于白墙与黑线陈列的干扰。储藏空间则一律采用内嵌式的储物柜，将可见的空间都能随时转为陈列空间。END

1	4 5
2 3	6

七月合作社
JULY COOPERATIVE SHANGHAI OFFICE

摄　　影	田方方
资料提供	七月合作社

地　　点	上海市淮海中路1818弄6号
面　　积	450m²
设　　计	七月合作社 康恒造园
竣工时间	2015年9月

```
I | 2 3
  |   4
```

1.2　入口
3　外景
4　平面图

在都市丛林的深处，有一处揽得淮海路繁华与武康路静幽于怀的空间。藏在深巷的东方庭院带着对自然的敬意，由荒芜中生出绿意，展现出生命的最大魅力，院落里一日内光影变化丰富，与植物天然的绿色深浅层次相映衬，值得静下心来细细品味。

主持设计康恒，曾师从当代日本枯山水和庭院设计大师枡野俊明，2014年，回到中国后的他与合作伙伴一起成立了设计公司"七月合作社"，除了将关注点着眼于景观园林、平面设计与建筑室内设计领域之余，他们将工作室所在的庭院与办公区设计成集合文化活动、艺术家与设计师作品陈列的画廊以及咖啡馆的空间。

由庭院进入室内，可惬意地坐在扶手椅中看花开叶落，感受四季更迭、节气变换。四处觅得的上海 Art Deco 家具让时光流转，与这栋百年建筑相得益彰。整个空间将集艺廊、咖啡、沙龙于一体。

和传统的画廊不同，在这里，艺术品以一种亲近友好的方式出现你的身边。你可以近距离观赏，与友人谈笑，或听艺术家本人分享他（她）的创作灵感。

在这里，你当下是什么情绪，便会得到一杯什么咖啡。精心挑选的一杯一碟，一碗一盏，盛放的不只是咖啡或茶，其浓淡风味与容器，与人，与空间，都能给你像家一般的温暖与体贴。定期举办的艺术沙龙让你领略七月呈现的通感之美：冬日落木萧萧翠绿凛然时，围炉取暖，听一场室内乐四重奏；春天在萌发新枝的古树下置一桌茶席，品一曲古琴或昆曲；秋天桂花浓时约三五同好练习莎士比亚的剧本念白，或是诗歌诵读；绿树荫浓的庭园夏日，最是赏画好时光……

七月合作社以开放的姿态向公众开放办公楼，同时也希望以此来邀约志同道合者在此进行创意与理念碰撞出设计的灵感与火花。夏去秋来，四季更迭。这个用心营造的理想主义之家，期望以此来创造出更多理想照进现实的合作。END

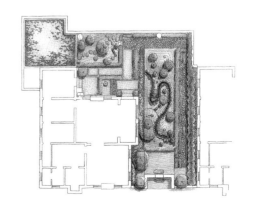

1.3　石组

2　园林造景

4　手冲咖啡室

5.6　内景

31 Space 集合空间
31 SPACE

| 摄　　影 | 张大鹏 |
| 资料提供 | 31Space |

地　　点	杭州市西湖区留和路139号东信和创园31幢
设 计 师	张健
面　　积	1 200m²
竣工时间	2015年7月

I.3　元白展览空间

2　公共区展出的艺术作品

31 间是一个由 31Space 艺术空间、Kingdom 金桃餐厅、Hugo 虚谷设计酒店、元白展厅、年轮公园、一桥杂货店组成的集合空间。31 间创始人之一的设计师张健在对第 31 幢老车间改建和设计的时候，保留了原有时光印记里的斑驳痕迹，同时又赋予它现代与时尚的气息。那些岁月的痕迹充实着建筑本身的气场，与极简复古的设计感互相渗透，呼应着我们试图讲述的那份感动。

31space

31 间的名字源自于空间所在厂区的第31 栋楼，厂房空间伴随着年代的记忆，空间和时间的交织，复古工业和现代艺术的融合，在这个低调内敛的空间中，我们想展现更多与众不同的美好，想散发更多令人惊叹的迷人气质。大胆的碰撞或是契合的交融，都是我们追寻的艺术之光。31space 有大约

400m² 的开放空间，可以作为秀场、live、拍摄、艺术展览、发布会……任何天马行空的创意皆可在此空间。

金桃餐厅

我们谈论餐厅，有人以为这是生活的肤浅表面——吃饭、喝酒、聊天，但在金桃，我们通过餐厅，将大家引领进更开阔的境界。金桃餐厅有它的蓬勃生命力，不同于其他，它不局限于一蔬一饭一酒一肉。在这里，或许能唤醒你的理想热情，或许能激发你的探索渴望。在这里，会有无限可能……这是，我们想要的完美。

虚谷 Hugo 设计酒店

虚谷 Hugo hotel，是一处用 1960 年代的废弃老车间改造而成的酒店，设计师尽量保留着车间原有的迷人线条和 20 世纪经典的

木质构架。从保留着原始色彩的老墙壁到手工敲制而成的铜质灯罩，再到茶几上摆放的古董花瓶，都浸透着设计师试图呈现给我们的最佳体验。8 间出自不同设计师之手、各具特色且相互呼应的房间正向您诉说着来自设计者的大胆构思和精心设计，其中包括 the23lab 打理的植物房、梵几杭州客厅主人老梅打理的家具房、元白主理人布置的茶器房等。END

```
  1    4 5 6
  2 3  7
```

I-3 Kingdom 金桃餐厅

4-7 Hugo 虚谷设计酒店

I-4 由8位设计师参与设计的房间

Wer-haus 概念店
WER-HAUS CONCEPT STORE

译　写	小树梨
摄　影	hcevisuals and Wer-haus S.L.
资料提供	LaBoqueria

地　点	西班牙巴塞罗那
面　积	410m²
建筑师	LaBoqueria Taller d'Arquitectura i Disseny + Marta Peinado Alós
施　工	Meziore S.L
家具设计	Cristian Herrera Dalmau
室内景观	Raquel Álamo
室外景观	Tania Drucker y Aida López
完成时间	2015年

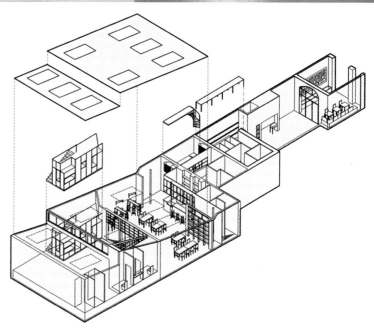

1　用餐区

2　种有绿植的过道

3　轴侧图

4　入口

Wer-haus 是一家集画廊、书店、餐厅、咖啡吧及服饰店等各类消费空间为一体的概念型商店，而这一概念的雏形是由 Jean-Antoine Palagos，Nicolas Rossi 和 Marc Miró 三人提出的。事实上，这一类的复合型消费空间在各地早已有实践，就譬如闻名遐迩的米兰 10 Corso Como 以及伦敦 Dover Street Market，而这次 Wer-haus 概念店则将这样一种复合空间的理念引入了巴塞罗那。

独特、透明且谦逊，这是设计师为 Wer-haus 概念商店所设定的目标风格。而这空间本身也很是契合这样的风格，它最早是一处连接着相邻两边建筑的室内停车场，在改造过程中，原本天窗的设计被保留了下来，由此保证了室内充足的光照，而暴露出结构的顶棚以及工业化特征明显的线条，更赋予了

这处空间不拘一格且又率直随性的格调。同时，设计师还修复了原空间内的一处控制台装置，并将其再利用成咖啡吧的吧台，节省了不必要的材料浪费。

按照使用功能上的不同，大致可将 Wer-haus 概念店分成三段空间。第一段空间自入口起算，之后连接着一块较狭长的休息区及垂直花园，再往里，便可见画廊内的展品及书店内的各类图书杂志。而第二段空间主要作为餐饮区，咖啡吧在前，用餐区在后，顶部暴露出的钢架结构及管线展现出一种硬朗质感，然而，四处摆放点缀着的绿植却柔和了餐饮区域的整体氛围，再加上天窗处洒落而下的自然光以及餐桌上方的暖黄色灯光，还有浅色的木质家具，这些细节的处理都使人感到无比惬意与自在。最后一段空

间用于展示及出售各种时尚单品，包括了服饰、配件及相关时尚杂志等。墙面未做修饰，尽显粗犷之风，然而下方的衣架却给人以精致纤细之感，两者结合表现出混搭的美感，这既暗含了当下时尚的潮流趋势，又无形中向 Wer-haus 概念店这处复合型消费空间的主旨致意。END

1	4 5
2 3	6

1　用餐区

2.3　咖啡吧台

4.5　服饰区

6　从咖啡吧台看向用餐区

玳山集合空间
ABOUT TURTLE HILL

| 资料提供 | 玳山 |
| 摄 影 | 梁展鹏 |

建筑设计	郭振江
地 点	广东省广州市龟岗四马路2号
竣工时间	2015年10月25日

```
  2 3
1    4
```

1　一层展览空间

2　外景

3　楼梯

4　设计品集合店

　　藏身于广州老东山的别墅群中的玳山，原建筑是红砖结构的西式洋房，始建于20世纪初。在改造以前，这栋建筑一直处于半废弃的状态，经建筑师的重新激活、唤醒后改造成为现今的玳山。

　　玳山由建筑师郭振江和他的妻子张媛媛一起创办，一位负责建筑设计，一位主理策划运营。负责玳山改造工程的郭振江，在扎哈·哈迪德建筑师事务所任职十多年，以参数化设计的思维投入老宅新生的改造设计，他一心挖掘老房子的独特魅力，用做减法的方式，呈现建筑历史中新与旧的对话。

　　玳山的一楼作为集展览、沙龙和杂货展售等为一体的文化空间，以"Try something new"为口号，希望呈现多样的艺文趣向和试验性探索。一楼陈列区，正展出以设计师

日常为主题的《角色：设计师与设计展》展览。在玳山的空间中，这些展览及其衍生品会以艺术或设计的形式成为玳山集合空间中出售的纪念品。

　　玳山的二楼则回归老民宅本有的住宿功能，两个套间运用策展的理念去规划打造，让其作为居住空间的同时，也成为一个居住的展览。一间名为系度（Right Here），严选中国极具质感的设计品牌的家具作品，让你在住宿的同时能玩味每一样家居单品，体验中国的原创好设计。另一间名为"人民山寨"（People's Replica）。中国被称为"山寨大国"，各种以平民的价格，用仿造的方式对原创产品模仿性再生产的制造商无处不在。玳山特地挑选了中国模仿制造的各种经典的大师款家居陈设来对房间进行布置。这个房间是对

中国山寨文化的一种关注和探讨，也是面向中国原创设计的一面镜子。

　　然而古老与残破往往只在一线之间，玳山希望老房新生，尽可能保留这些历史的痕迹与旧容，同时不失现代生活的美观与舒适。玳山将永远处于进行时的状态，未来亦将不断调整、不断演变，不断"Try something new"。

1	3	4
2	5	

1　以策展为理念打造的房间

2　公共区

3　以原创设计"展览"思路布置的房间

4.5　体现"山寨"仿造大师款陈列的房间

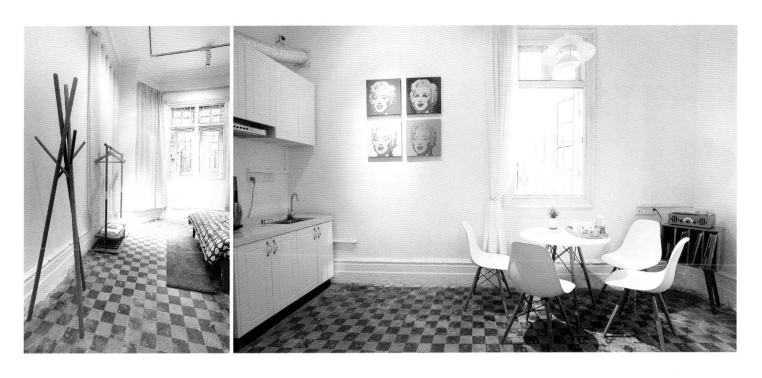

谦虚旅社
HUMBLE HOSTEL

资料提供	曹镁
摄　影	曹有涛

建筑设计	曹璞
地　点	北京前门大栅栏
面　积	12m²

12. 我完成了测量工作，"热情大妈"突然把我叫住，让我教她如何使用微信······

Upon completing my survey work, the "Enthusiastic Auntie" stopped me dead in my tracks and asked if I could teach her how to use WeChat······

1 大杂院入口

2 模型

3 轴测图

4 设计师在现场做的场景还原

5 手绘示意图

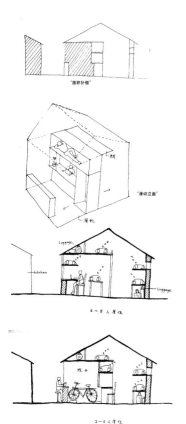

大杂院里来了一群年轻人，想利用和翻新一些空着的房子，建立青年旅社。拥挤狭小的院子已被居民搭建的小厨房或库房占满，自行车停在其中，杂物四处堆放，无下脚之地——这是当下北京大杂院混居模式下的常态。年轻人的到来，会使院子更加拥挤。

为了与老街坊和平共处，设计选定了"退让"的谦虚态度。通过一组带有床、写字台和门的可滑动立面，改变房间和室外面积配比，在一些时候，压缩客房室内面积，把一定面积还给院子，用以"置换"一部分邻居私搭厨房库房所占据院子的面积给拥挤的大杂院一个喘息的空间。这部分还给院子的面积可以作为公共休闲空间使用，可以作为茶座、棋牌角、聊天室······也可以用来停放邻居们的自行车，也可能成为年轻人招待老街坊的室外吧台。样板间落地选定地点和建造过程颇费周折，是在一次次与左邻右舍协商的基础上完成的。其间发生了许多有意思的小故事，有时候我们被迫更换了准备实践的院子，有时候我们不得不因邻居的身体状况停工，有时又会因为与邻居沟通不利而不得不改变。

现在，一个 12m² 的谦虚旅社客房样板间已完工。这个样板间可以最多退出约 5m² 的面积给院子临时使用。我们也和一户邻居达成意向，他白天一些时候会利用这块空间练习书法。我们还做了一些面向院子的储藏柜供邻居使用。

"谦虚旅社"是北京国际设计周中大栅栏更新计划的领航员项目。在 2015 年的北京国际设计周前后，有第一批 3 位年轻人试住进去。设计者也会给大家带来继续去年的故事，退让出的院子会作为临时展场。我们也会邀请大家来这里坐坐，和我们聊聊这块还给院子小空间其他的利用可能。随着试住开展，我们也会发放问卷和做使用记录，为日后复制和完善系统提供依据。随着更多谦虚旅社客房的建立，便会有更多的空间还给大杂院，改善院子环境的同时，也会给老龄化的社区引入年轻化的邻里关系。END

| 1 | 3 | 4 |
| 2 | 5 |

1　被压缩的客房面积

2　宽敞的公共空间

3-5　室内各角度

琚宾：

与对的人做有温度的设计

撰文、采访 ┃ 刘匣思
资料提供 ┃ 琚宾&HSD水平线空间设计

ID =《室内设计师》

琚 = 琚宾

琚宾：

　　作为设计师，琚宾在 2015 年被评为福布斯中文版"最具发展潜力设计师 30 强"。担任创基金理事，水平线室内设计有限公司（北京 | 深圳）创始人、设计总监；中央美术学院建筑学院、清华大学美术学院实践导师、四川美术学院研究生导师；中国陈设艺术委员会副主任；"光华龙腾奖"2015 中国设计业十大杰出青年。

　　致力于研究中国文化在建筑空间里的运用和创新，以个性化、独特的视觉语言来表达设计理念，以全新的视觉传达来解读中国文化元素。

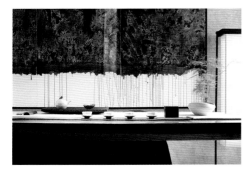

"我喜欢宋朝的艺术审美与人生境界"

ID 对您而言,刚开始做室内设计师的时候,哪段经历对您影响最深刻?

琚 从一开始就比较幸运。在人生的每个阶段都能遇到帮你的人,怎样抓住机会、怎样自己努力,这一点很关键。那时我做了一些私人设计服务,遇到的业主都很好,这对一开始做设计有很大的帮助。现在这类设计项目很少再做了。

ID 您工作室里放的大多是中国古代文化类的书籍,设计书反而不多,这是您现在想要研究的方向吗?

琚 学习永无止境。我在学习过程中,感觉很愉悦。唐宋八大家、《古文观止》,包括床头的老庄,这些都是我在读的"圣经"。中国古代人的文字,那么短、那么优美,用最少的语言来表达最多的东西,那些才是智慧。

ID 平时要做的项目很多,您用什么时间来阅读与学习?

琚 我一般早上6点起来,一直到8点,这段时间没人打扰。起来后,先会写两张毛笔字,再去楼下走半小时或者打太极拳。9点以后我再开始看方案。学习对于我来说是一种习惯。

ID 之前看到您在故宫听课,能介绍一下这是什么项目?

琚 这是设计师梁建国先生主持的ADCC人文学院,将设计师带去人文课堂。我们会去台湾,由蒋勋给我们上中国设计源头的文化课程。在北京,朱青生、王守常等先生来给我们讲中国哲学的智慧。还有朱良志先生,我看了很多他的书,这次他讲的是中国美的四个要素。

ID 听下来感觉您更偏爱人文学科,当初为什么会选择学设计?

琚 如果重新给我选择读书的专业,我肯定会学哲学,但如果重新让我选择职业,我还是会做一个设计师。

我是一个特别不聪明的人。有时候遇到事情,大部分人都感受到了什么后,我才意识到发生了什么事情,比较慢热。但处理问题上,我的性格反而可以帮助我把问题分析得更加深刻。

ID 对于中国的传统文化,您倾向于哪个时代的风格?

琚 一定是宋朝。宋朝美学与文化互通,尚意、求韵,极简、大雅,我认为是特别好的价值观。这样的艺术审美和人生境界沐浴而出的君子、宋文化,我觉得太棒了。

ID 看您曾为《室内设计师》写的巴拉甘纪行有很多感悟。除了中国传统文化,哪些国外的设计师影响过您?

琚 有很多,巴拉甘、赖特、柯布西耶……就以巴拉甘举例,其让我感受到热烈之后的静谧,他特别奔放,又特别干净。他说过,空间的目的就是为了让人寻找内心的宁静。人最终是要坐在那里寻找内心宁静的时候,才能真正认识到人是为什么而活着的。

我认为建筑的本质就是结构体系支撑下的覆盖。人给予了建筑的属性和功能,因为人本身又是有畏惧感的,要与自然保持距离。面对这个问题时产生的神性,与建筑建造时的俗性一起并用。在设计的语言里,俗性就是生活,神性则是空间精神,在这些国外设计师身上,他们都把神性隐藏在俗性背后,而我从他们这里学到的,则是用自己的策略去平衡两者的关系。

"不要用自己的信条去扼杀别人的快乐"

ID 看到您之前参与的梦想改造家项目,能否说说为王坚老先生的家改造时的一些想法?

琚 我一开始并没有想做这个项目,因为感觉电视节目的设计,不是我的调性,平时我也极少看电视。后来因为赖旭东和沈雷推荐的关系,就说先去看看再定。节目的制片人帮我选了两个家。先去的就是王老爷子家,一进胡同口,我的情绪就上来了。听完王老爷子的自述后,我当时心里就定了:要给他设计。

　　王老爷子的父亲是中国做第一把小提琴的人，自己则是美院的老师。家里五口，一直住在 50m² 的房子里。他花了 20 多年记录了老北京，而今很多都已找不到实景了。做完他家的设计后，创·基金出资帮老爷子出版了这本书。

　　我一直喜欢与对的人一起做有温度的设计。

ID 今天室内设计的专业边界变得模糊，既需要有建筑，也需要有景观设计、家居设计甚至平面设计的专业知识，对此您怎么看？

琚 我自己的脑子里没有这样分过。这些分工是社会定义的。我自己在做小建筑设计的时候特别有感觉，这样的设计是基于对生活的热爱以及人需求的了解。我认为应该把自己的设计身份抽出来，关注社会要求什么，然后再去探讨设计的本质。比如说自然生长的空间需要开窗，开多大可以得到大自然最合适的光亮，具体比例、长条还是圆窗都是附加条件。人在这个空间里感觉到什么设计最舒适，那就是合适。设计师要做的就是把材料的社会属性剥离掉，回归本来散发出来的美。

ID 您怎么看当下流行的设计风格？

琚 对中国市场来讲，主流会喜欢豪华风，这很正常。也有人会喜欢简约、工业风格。这些我认为不重要，什么风格趋势、流行什么，这些都不重要。只要这个人待在他自己喜欢的空间里，感觉到快乐，这就好了。

　　如果一个客户就喜欢一个特别豪华、欧式、描金的风格，这风格从性格到生活方式都适合他。作为设计师，为什么要剥夺他的快乐？任何人都不能以自己审美的要求和价值观的判断去扼杀别人的快乐，设计师可以去感染他们的审美。

　　我认为审美没有高低。人要给予自己本我的快乐。设计师要服务于各种人群，对于各种风格都能接受。用自己的信条去扼杀人的快乐，这是不正确的。

　　我们认为的所有的美，难道在别人眼里就是美的吗？

ID 这是否就是您所说的"中界观"？

琚 也可以这样理解。风格的说法，这都是社会化的标签式策略，对很多人或许适用，对我而言我个人是不需要、也不在意的。我在意的是在设计里如何面对自然。比如《清明上河图》，打开画卷呈现出自然、到自然化的人工、再到人工化的自然。再比如范宽

| 1 | | 3 | 4 |
| 2 | | 5 | |

1　画屏会客厅
2　美伦酒店
3　北京居然之家餐厅
4　重庆黎香湖教堂
5　2012 年北京设计周作品

的《溪山行旅图》，中间的大山与山蕴含的力量扑面而来。画是平面、二维空间，如何转化成三维空间，应该用什么样的尺度才会具备同样的力量。这就得回归人对空间的基本需求。什么样的空间对人会产生压抑，什么样的空间会更接近自然。所以我不会关注风格，我考虑问题的方式都追溯到本源与本质。

突破边界后去中心化的思考

ID 您觉得今天的设计师应该对自身有怎样的要求？

琚 设计本身是一种商业行为，通过经济价值的杠杆来确立自己的成就。这与艺术不一样。我们满足商业需求是设计的第一需求。都谈"情怀"，结果连基本的商业都没有满足，这不是成熟的职业设计师应该做的事情。设计师的属性决定了我们需要有担当、职业操守，去帮甲方解决问题。之后，再谈什么是情怀，触碰设计本质。后面这些都不是甲方需要关心的，这是需要设计师用方法、策略、智慧，将商业之后的追问自然地融合进设计里，然后再去对未来产生一定的影响。

ID 回顾您的设计历程，哪些作品对您意义重要？

琚 大芬美术馆对我而言是一个转折期。很感谢当时并不认识的孟岩先生的极力举荐。富邦酒店是我第一个被媒体曝光的项目，那时是 2005 年初。现在回过头来看，那时我对设计的认识还停留在把所有好的想法都放进去。

香水湾一号是我做了近 8 年的项目，见证了我的设计手法从出手很重到逐渐变轻，也是那个时期开始我对东方设计的方向有了较为明确的认识。

一直到最新的画屏，我终于想清楚自己最终要做的探索是什么。

ID 您会关注设计的哪些方面？

琚 空间的神性与俗性，无用之美，朦胧，透明，诗意，本质，母体，人性……这些都是我脑子里会出现的词语。我认为人的内心深处都有挣脱地球引力的冲动，就像城市里那么多的高楼，就是想要飞天。东方不像西方处理问题时那么边界清晰，都是模糊的。就像中国最美的空间就在廊子里，不是室内也不是室外，这些是我关注的点。

我会用很多思考去制造模糊，这是突破边界后去中心化的思考。我想要把力量用在边界，一个边界与另一个边界之间就是能量磁场的温床。

ID 对于今天立志从事设计行业的学生，您有什么建议？

琚 需要不断地学习。学习需要分阶段，前几年还是要学基本的设计知识，这很重要。毕业五年后可以选择离设计远一点的书看，从业十年后可以基本不看设计类的书，多看文学、哲学与生活方式相关的书。

ID 您思考问题的方式并不怎么"设计"，如果给自己的职业定义，您觉得自己是从事什么职业的？

琚 柯布西耶曾经说过，他自己首先是个作家，其次是个艺术家，最后才是建筑师。他说这个顺序不可以颠倒的。作家的思维方式是虚拟空间，是触碰哲学后的关怀。艺术家是个人灵性展现的个人表达。设计师做的则是对社会需求满足后的商业设计行为。三者级别不同，相互滋养。我也注重用文字去构建我的思考，与他一样，就按照柯布的排序大踏步地往前走。**END**

京都庭院小记

撰文、摄影 | 琚宾

回去的路上，平流层底的云整齐得像刚被耙过不久的白沙，条条细纹在起承转合间很有种隐喻的意味。三界之上，渺渺大罗，金阙宫的院墙在那远远矮矮地发着光。一如不小心窥见了天尊的院子，正待放开心神细细体味时，晃神间又惊觉静谧之下暗流汹涌，一时间念起当年各式遣唐使和东渡的和尚来。"浮天沧海远，去世法舟轻"，"若梦行"或者是"行若梦"之间，本来就很难分得清。

这些天都在园子里晃，在或大或小的屋内走，在脱鞋与穿鞋间切换着"出"与"入"的状态。或有觉有观，或无觉有观，或无觉无观，或有喜或无喜。"学习"二字到了四十的年岁，总是在"观法"上停留更多一些的。遇见得见总是最后返归到关照本心关联本性的。找出共通之处，体味各处细微不同，是为寻其同，然后能得其妙要。

云何应住？应如是住。既是要住，那就不宜站着，但又不便躺着，于是踞坐，成箕状，还要时不时立起来调整一下，于是视线的高度区间成了可以计量的画框，由门一挡窗一遮再隔着某座桥某围廊，固定成为一种观法、一种有意图的欣赏方式。是以醍醐寺温柔的讲解人员一遍遍耐心地解说着观赏"国宝"石头的最佳位置，力求每个人看到同样的风景，发出同样程度的赞叹。

当浪和山分别凝结成了大海洋、大河样、山河样，低平俯看成了固定模式，万物亘古，时间永驻。突然间想起，每天清晨僧人扫叶耙沙时会不会有天地初开般的错觉？分沙成浪，指石成岛，环浪成洲，将苔藓换算成大树来参天，聚集为三恶五趣杂会之所，然后

装成框界上边或心满或意足地收工去了。

观看时总会代入，总有对比，也总会默默地心心念念一下，若是能暂居于那等园子会怎样云云。甚至还会设想在醍醐寺的蓬莱山石桥上那放着吉冈德仁的有机玻璃透明亭子会怎样。在银阁寺的同仁斋里欣赏内室那满墙的画与天光间的呼应关系时，也会假想换是在当下应当换成怎样的图案更为相衬。在桂离宫时赞叹那美时也会感慨太过于极致，在无邻庵闲坐时也会想象春游时选择哪片草地能晒上更久的阳光。彼时正赶上红叶季，不算全染，黄绿相衬着，将影子共落在石地上。叶片恰恰飘落在井面上时，可以保鲜更久些，待全叶浸润，表面张力抵不过结构中渗透的重量时也就沉了下去，成为背景色。阳光映在瓦面或干脆照进蒲草棚顶深处，间或有只乌鸦凑在上面啼个两声。

在各个屋里转来行去，似乎总是在找着那些的白沙、青苔、素石。是导引，又像是目的。中间庭院是个参照物，不至于迷失。在没有内饰没被定义过的屋子里，空间无处确定，能够自由开启闭合，能够全面开放亦可全部归零。层层屏障后，又层层涌现。被设计后的视线与更为复杂的看见方式，借着递进形成一种仪式感，类似梦境式的进入方式。

四面透风且透音的幛子门的确是难掩太多的隐秘，也没太多安全感，于是神怪妖的痕迹也现出了来处。旧时代，灯烛确实也是不便点的。站在角屋中仅能并排通过两人的廊子里，想象盛时穿行时衣裙的窸窸窣窣声，一百叠内分别发出的人声音乐声……数百年后的庭院里，松还是松，石还在原处。

再晚些时，无论是泷泽家还是杉本家都歇息了，经过时轻轻碎碎的脚步，隔着袜底黯哑在了榻榻米上。月光下来，或者还有雪光，特别清朗时，会有各式的影，在砂粒上方明亮地隐藏。周遭静雅，听得到草木抽条花苞舒展，听得见凉风与冬雪间的不同气息。轻声细语存在的理有了，境存了，庭院间乃至整个家族的性格也在了。

路途中还收获了小松町极其好吃的天妇罗，鱼豆果蔬无一不可入制，薄透、鲜爽，从卖相的季节性到营养口感，精致得如同风景。据说庭院中的石头也分着各式的气势和意义，那这惊艳的天妇罗应该也属于大庭院的另一种细微表情。还有新门前周边的古事物，彼此间形成了场域，并谱着韵弥漫在整个京都的庭院"山水"秀丽间。 **END**

1　龙源院

2　元邻庵

3　桂离宫

长城森林大剧场
GREAT WALL FOREST AMPHITHEATRE

资料提供	非常建筑
地　　点	北京
主持建筑师	张永和
项目建筑师	Simon Lee
项目团队	郭照炜、汪子菲、常诚、郭庆民、陈瑶
业　　主	北京探戈坞旅游开发有限公司
结构工程	常锢、清华大学建筑设计研究院
结构类型	钢筋混凝土
场地面积	7 000m²
建筑面积	2 020m²
舞台面积	690m²
设计时间	2013-2014年
完成日期	2014年

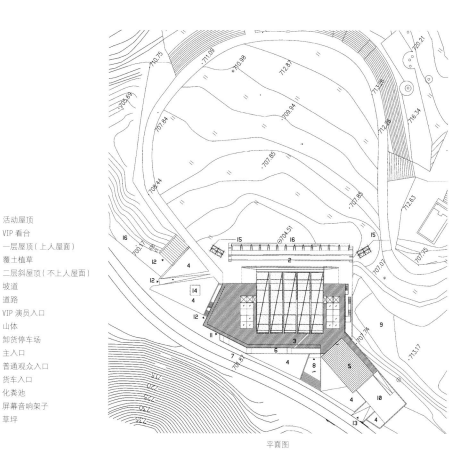

室外的大剧场坐落于长城旁边的山丘中，四面环山，自然景观处处可见。剧场靠着山谷的西边，场地面积为 20 000m²，音乐谷结构占地 7 000m²。

剧场配有一个多功能音乐表演台，适合古典乐、流行乐等各类型音乐表演。舞台空间足以容纳一队 80 至 100 人的管弦乐队，而后台空间一应俱全，包括等候室、更衣间、储存间、彩排室、淋浴及卫生间等等。

舞台设有可伸缩屋顶，由 5 组可各自伸缩的遮盖组件组成。曲型屋顶不单加强音响效果，同时可用作为舞台幕或投影幕。在设计过程中，我们强调表演者与舞台的关系，并通过设计推使舞台建筑成为表演中的积极元素。

在结构上，设计选用了钢材。轻型结构的外观富有强烈的建造感。结构跨度达 60m，提供充足的无柱表演空间。钢索层层交叉，固定竖向结构。屋顶以薄膜构成，自由度大、强韧、透光。 END

1 活动屋顶
2 VIP 看台
3 一层屋顶（上人屋面）
4 覆土植草
5 二层斜屋顶（不上人屋面）
6 坡道
7 道路
8 VIP 演员入口
9 山体
10 卸货停车场
11 主入口
12 普通观众入口
13 货车入口
14 化粪池
15 屏幕音响架子
16 草坪

平面图

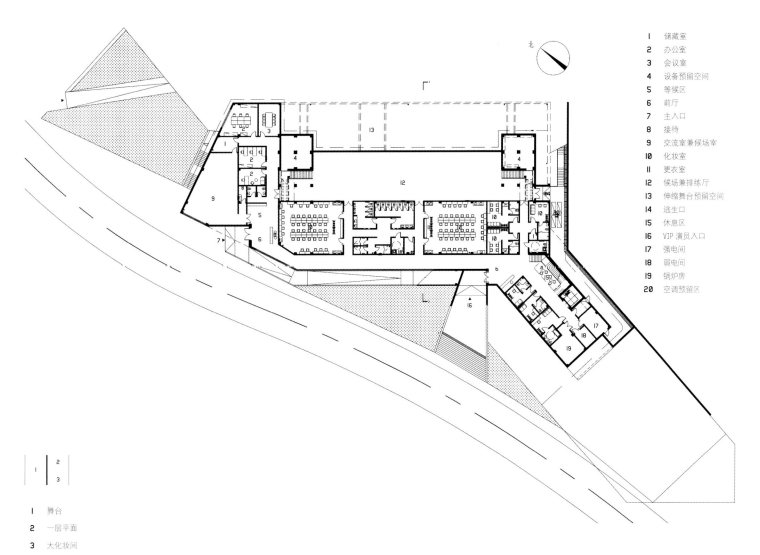

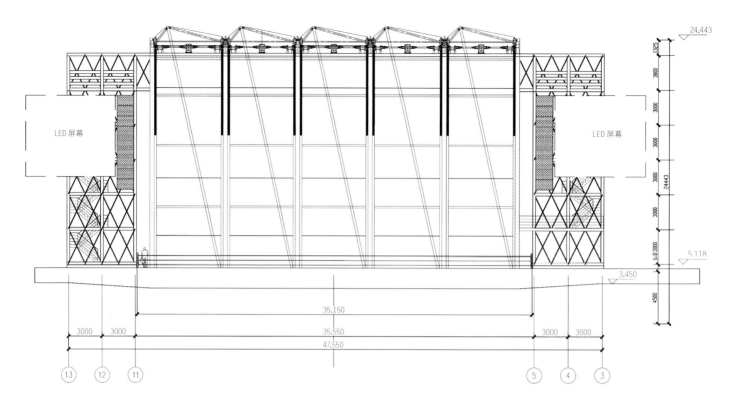

LED 屏幕　　　　　　　　　　　　　LED 屏幕

1		3	5
2		4	
		6	

1　剖面图
2　舞台正方中景
3　舞台大雨棚及钢格构柱局部
4　钢格构柱局部
5　舞台近景
6　剖面图

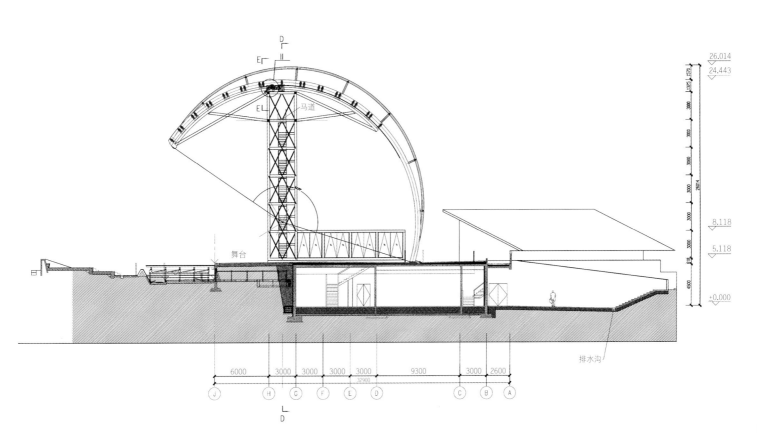

哈尔滨歌剧院
HARBIN OPERA HOUSE

摄　影	Hufton+Crow, Adam Mørk
资料提供	MAD

地　点	黑龙江省哈尔滨
建筑面积	7.9万m²
建筑高度	56m
大剧院坐席	1600个
小剧院坐席	400个
建筑设计	MAD建筑事务所
主创建筑师	马岩松、党群、早野洋介
业　主	哈尔滨松北投资发展集团有限公司
合作设计	北京市建筑设计研究院有限公司三所
立面建设	英海特工程咨询、中冶集团
BIM	铿利科技有限公司
景观设计	土人景观
室内设计	MAD建筑事务所 深圳科源建设集团
室内软装	哈尔滨唯美源装饰设计有限公司
灯光设计	中外建工程设计与顾问有限公司
舞台灯光和 声学设计	华东建筑设计研究总院声学设计研究所
舞台机械设计	北京新纪元建筑工程设计有限公司
引导设计	深圳市自由美标识有限公司

哈尔滨歌剧院位于哈尔滨松花江北岸江畔。作为哈尔滨文化岛整体规划的焦点，它独自支配了大片的自然湿地。2010年，MAD赢得了哈尔滨文化岛的国际开放竞赛，竞赛的规划包含了一座歌剧院、一个文化中心以及附近松花江畔的湿地景观。哈尔滨歌剧院是第一个亮相的建筑，也是其中规模最大的一个。这座蜿蜒的歌剧院是整个文化岛的焦点，其建筑面积约为7.9万㎡，整体建筑包括一座1600席的大剧院和一座可以容纳400人的较小剧院。

与普通的城市地标性建筑不同，哈尔滨歌剧院地处湿地环境，几乎生长在自然之中，其设计亦呼应了北方城市狂野的精神力量和严酷的气候条件。得天独厚的地理位置大大释放了建筑师对空间可能性的探索，落成的建筑就仿佛是由风和水塑造而成，完全融入了自然和地形之中，同时也注入了当代的特征、艺术和文化。哈尔滨歌剧院总建筑师马岩松说："我们希望哈尔滨歌剧院成为一座属于未来的文化中心，一个可以进行大规模演出的场所，同时也是一个整合了人群、艺术和城市身份的动态公共空间，并且与此同时融入到周边的

自然环境之中。"

整座建筑群犹如雪山般延绵起伏，成为大地景观的一部分。其弯曲的表面由柔和的白色铝板构成，构成了一部由边角和表面、柔软和锐利构成的诗篇。旅程是从越过桥梁来到哈尔滨文化岛开始，起伏的建筑表面围合成一座巨大的公共广场。在冬季的时节，这片广场就融入了皑皑白雪之中。

建筑师精心编排了叙事性概念，希望参观者变成表演者。进入大厅时，参观者会看到跨越整个大厅的巨大透明玻璃墙，在视觉上连接了由曲线交织而成的内部空间、充满动感的表面以及室外广场。宏伟的大堂上方，有一条水景般的由网格状轻质结构支撑的玻璃幕墙跨越整个大厅，幕墙表面由玻璃金字塔单元构成，使得这一表面既光滑又具有凹凸，代表了冬季波浪般的冰雪景象。参观者在他们就坐之前，可以感受到充盈的自然光线和材料的细腻感。

大剧院呈现了一种温馨而诱人的氛围，表面覆盖了木材，就像是一块慢慢被侵蚀的木块。木质墙壁由水曲柳雕琢而成，温柔地包裹了主舞台和剧院的座位。从舞台前到高层的楼座，剧院利用简单的材料和强烈的空

间形式创造了世界级的声效。一些巧妙的天窗照亮了剧院内部，并让观众与室外相连，可以感受到时间的消逝。

在第二个较小的剧院中，室内利用舞台后的巨大的全景窗将室内与室外完全联系了起来。这一面隔声墙让外面的自然景观成为了演出的背景，并且让舞台成为了室外环境的延伸，可以激发创意的灵感。

哈尔滨歌剧院强调了公众与建筑的交互和参与。观演者和公众都可以沿着立面上弯曲的小路而上攀登建筑，就好像在周围的地形上行走一般。在路径的顶端，参观者会发现一个开放的室外演出空间，同时也可以作为一个观景平台让参观者欣赏哈尔滨的城市天际线以及下方周围的湿地。向下行走，参观者会重新回到巨大的公共广场，继续探索大厅的空间。

建筑超越了传统的剧院建筑类型，MAD创造的这座建筑由自然启发而成，并向当地的特征、文化和艺术致敬。哈尔滨歌剧院深化了公众与环境之间的情感连接，最终不仅对于表演空间同时也在其叙事性的空间以及自然文脉中塑造了剧院的独特气韵。END

01 大堂
02 大剧院
03 小剧院
04 排练厅
05 停车场入口
06 连通停车场的楼梯
07 广场

01 排练厅

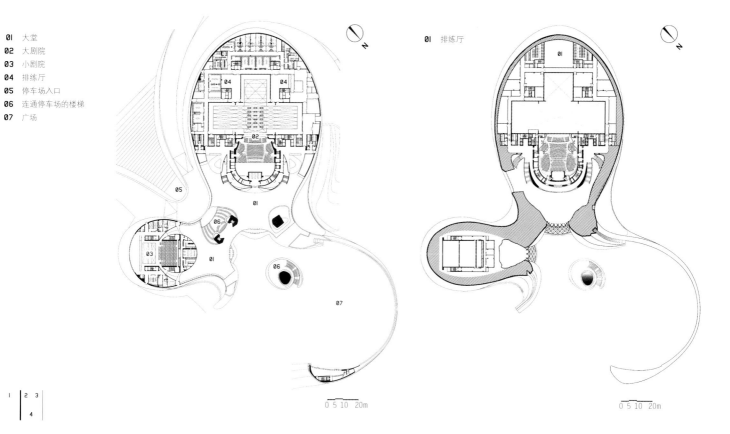

0 5 10 20m   0 5 10 20m

I │ 2 3
  │   4

I 从东方鸟瞰大剧院
2 一层平面
3 二层平面
4 夜景

0 5 10 20m

|1 2 | 4 |
|3 | 5 |

1　白色铝板立面局部

2　屋顶平面

3　屋顶平台

4　大堂南侧夜景

5　具有张力的线条与宏伟的形体

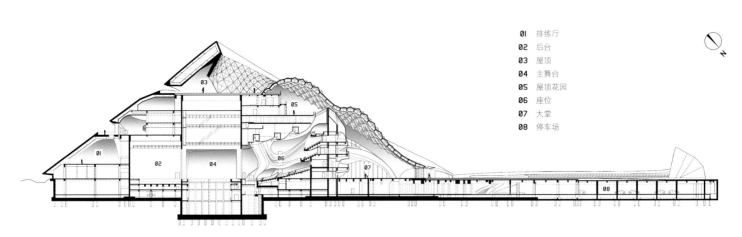

01	排练厅
02	后台
03	屋顶
04	主舞台
05	屋顶花园
06	座位
07	大堂
08	停车场

0 5 10 20m

```
1 | 3
2 | 4 5
```

1　大剧院大堂
2　大剧场纵向剖面
3　从大堂望向楼梯
4　木雕楼梯细部
5　通往大剧院的木雕楼梯

1 2	4
3	5

1　大剧院主舞台

2　大剧院曲墙细节

3　拥有全景窗户，联系景观的小剧场

4　小剧场大厅

5　小剧场纵向剖面

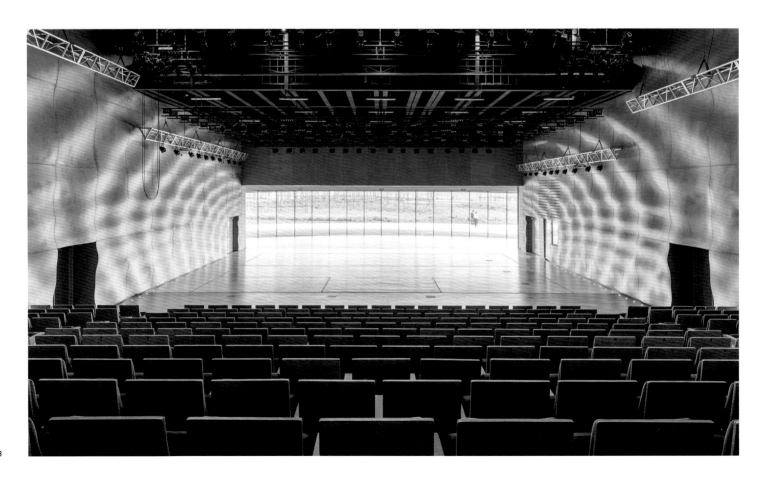

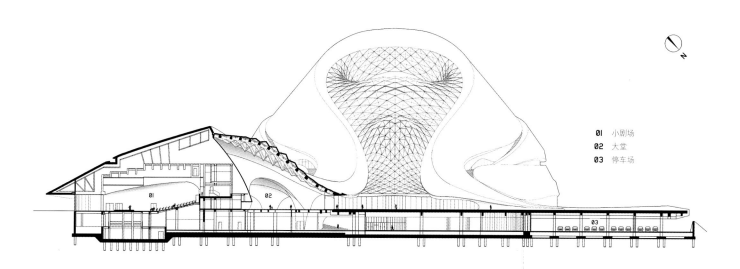

01 小剧场
02 大堂
03 停车场

0 5 10 20m

银川印象·家 HOTEL
IMPRESSION HOME HOTEL

撰文、摄影　　孙华锋
资料提供 | 河南鼎合建筑装饰设计工程有限公司

地　址	银川市金凤新区北京中路文化城
面　积	9 000m²
设计单位	河南鼎合建筑装饰设计工程有限公司
主创设计	孙华锋
参与设计	梁建立、张秋云
主要材料	爵士白石材、素水泥、海基布、竖纹玻璃、橡木等
设计时间	2014年11月
开放时间	2015年11月

　　你会喜欢上另一个城市大致是因为这个城市有你的铁哥们，有美好的事情，有你期待的希望……

　　银川这个号称"塞上江南"的西北城市，在我没来之前，我印象中更多的是与大漠孤烟、黄土绿洲相联系。然而，一个巧合的机缘让我开始接触到它并喜欢上它，银川的城市尺度很适合人居，建筑、绿化、道路彼此之间的关系做得很好，加上不多的人口，是个宜居的城市。

　　印象·家Hotel酒店项目选址在银川最美的艾依河畔，其前身是文化城东南角的两处四合院。考虑到原空间并不是为综合性酒店而设计，故而有一定的改造难度。在改造中，我们不仅重新设计了符合酒店使用要求的水电、暖通管道工程，对两个四合院之间的功能分配以及交通路线的再设计也进行了审慎的思量。

　　现在市面上的酒店设计无外乎寥寥几种固定模式，一为传统的星级酒店，二为所谓的快捷酒店，还有就是这两年遍布天下的精品设计型酒店。然而，大多这些酒店的设计不是堆砌的奢华就是哗众取宠的噱头式设计，却单单遗忘了一个好的酒店设计应当是建设方和设计方相互尊重信任，并站在体验者的角度共同才能打造出来的！

　　从站在现场的第一刻起，我就觉得她应该是藏在中国人内心深处的、恍若写意山水一般的、灵秀的酒店。所以，无论采用什么手法，这般的意象，都应该是根植于她的内心的、是油然而生的……

　　原有的围合式入口门楼被拆去后，里面的院落呈U字形，就像是敞开了怀抱在迎宾纳客。两个院落空间的主题分别为"塞上江南"和"戈壁风情"。阳光透过顶棚的格栅撒落在竹林、锈板、青砖铺地上，光影斑驳

令人心动。推门而入，可见飞翔的小鸟在蓝天与艾依河的背景下栩栩如生。整个酒店基调简洁明快，没有奢华的材料，也没有过多的装饰，以白色为主调，配以传统的灰黑和天然的木本色，亲切且没有压力，温馨的灯光与色调凸显出以人为本的理念。

　　在酒店两个院落里，共设计了96间不同类型的客房，两个建筑之间通过打通地下的空间而相连。如此一来，分散在两个院落的客人便可共用餐厅、酒吧、会议等公共空间；而地下的连接通道也减少了客人在客房休息时可能受到的打扰，同时也可避风遮雨。茶社占据了酒店景色最佳的位置，安静的氛围既满足了客人的需求，也为酒店带来一部分经济效益。一楼大堂则向艾依河悬挑出一个大的栈台，站在这里可看河上风吹雁过、日升月落……

　　每一位客人在入店后就可安享茶点，并

尊享管家式服务。围坐在壁炉旁，纯净的空间不会干扰到客人的任何视线，心情便得以放松，沉浸在温馨而美好的气氛中，思绪同想象自此飞扬起来。

我喜欢银川边上一望无垠的腾格里沙漠，也喜欢碧水芦苇间有燕鸟飞过的沙湖。在深秋时节，沿着落满金黄色叶子的马路一路驶向贺兰山，我想，那随车飞舞的叶片，或许每一片都挟着深深的眷恋……

酒店，旅行者远处的家，这样的解释很美。唯有用心，关于这处远方的家的印象才会变得美好又鲜活起来。相信当旅行者再次回忆起这段旅程时，他会期盼着能够再次回到这个城市，只因此处亦是家。**END**

1.2　酒店入口

3　大堂吧

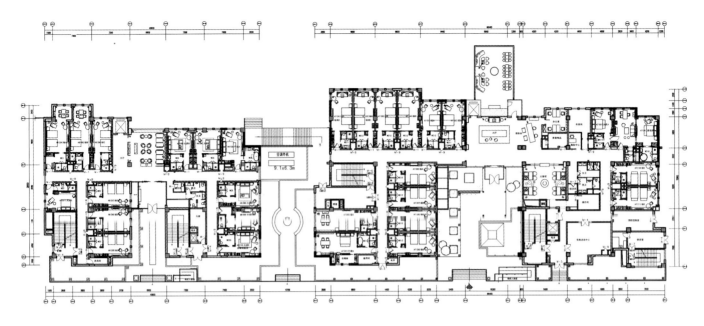

A6 一层平面布置图　　　　　　　　　　　　　A6 一层平面布置图

1	
2	3

1　平面图
2.3　大堂

```
 1   │
 2 3 │ 4
```

1   大堂栈台
2.4 茶舍
3   餐厅

重庆夕栖精品设计酒店
DAVID'S DEER HOTEL

资料提供 ┃ 重庆尚壹扬装饰设计有限公司

地 址	重庆大坪
面 积	1 700m²
设计公司	重庆尚壹扬装饰设计有限公司
设计团队	谢柯、支鸿鑫、杨凯、许开庆、汤洲、王金星
软装设计	李培颖
设计主材	木地板、木饰面、大理石、血包砖、布艺硬包、墙纸、钢板喷塑、做旧镜面等
设计时间	2014年4月
竣工时间	2015年3月

1.2　公共休息区

3　客房走廊

在这极度物质化和商业化弥漫的今天，人们的心灵是如此的疲惫不堪，人们被生活裹挟着，冲向一道道闸口，而忘却了生活的本意！

项目地处闹市，定位于商旅型精品酒店，同类型酒店扎堆，这是给我们的考题。闹市、商旅、同行业间的竞争，则是三个关键词。闹市，地段繁华，各类配套设施齐备；商旅，时间匆忙，效率高效，同时又见多识广，要求细致；竞争，需寻求特色。结合本项目只有半层空间，考虑投资回报比，需建大批量客房，满足需求。

所以，在布局上必须精炼，缩减配套空间，考虑本区域各类服务齐全、餐饮、床品清洁外部解决。故而重点落在满足各类客房的需求上。在装饰手法上，通过分析商旅人群需求，想营造出精致，贴心又轻松的氛围。在硬装上，做减法，尽量使用普通材料，没有过多强调装饰技巧，从而达到一种被顾客"忽略"的感受，相反，在软装上通过对色彩对比和家具选型上的把控，将顾客的视线吸引过来。通过"似松似紧"的节奏，来达到一种放松的感觉。同时，通过在灯光氛围营造上，重点在点光源与空间的结合，强化空间节奏。在智能化系统上，最大程度地满足顾客的使用需求。

在嘈杂的都市中，有间宁静的小屋，让你解除防备，放松心情，是我们想要传达的设计理念。洗尽铅华，给你带来本质的享受！ **END**

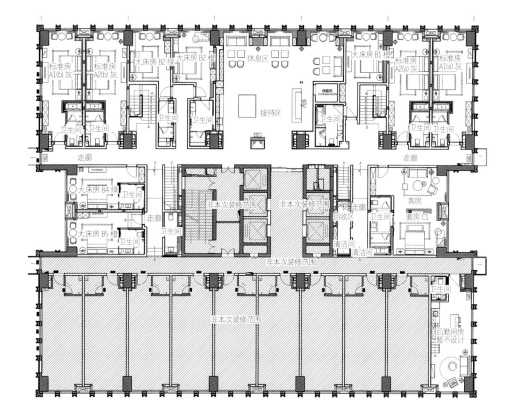

1.3 套房

2 平面图

1-3 客房

基克拉迪艺术博物馆咖啡厅及商店
CYCLADIC CAFE & SHOP

译　写	小树梨
摄　影	Giorgos Sfakianakis
资料提供	Kois Associated Architects
地　点	希腊雅典
主建筑师	Kois Stelios
项目经理	Nikos Patsiaouras
设计团队	Marielina Stavrou, Konstantinos Karanasos, Antriana Voutsina, Alexandros Economou
景观设计	Doxiadis+
照明设计	Giorgos Sfakianakis
完成时间	2015年

位于雅典市中心的基克拉迪艺术博物馆是一栋新古典主义建筑，在其中展示了绚烂的基克拉迪群岛文明。此次博物馆咖啡厅及商店的设计项目由 Kois Associated Architects 承接，设计师受到传统基克拉迪艺术形式的启发，在设计中追求极简的表达，以此来致敬基克拉迪的传统文化，并使得新建的咖啡厅和商店能够融入原艺术博物馆中的古典氛围。当游客进入博物馆时，入目即可见中庭处的商店及咖啡厅，这样的布局也使人能联想起古代的自由集市。

商店共上下两层，下层空间较为开放，而上层则表现出强烈内向性的空间特性。在下层，多处使用到的隔墙创造出一种韵律的美感，多入口的设计则使得游客可以更自由地探索店内的各色商品。通过一段楼梯后，即可到达上层，在更为静谧、封闭的商店二层，游客将更好地感知店内商品的艺术气息。

而其粗砺的、如一块完整巨石般的顶部也让人追忆起古时候的基克拉迪采石场以及基克拉迪群岛建筑的灿烂往昔。

咖啡厅位于商店上方，以一座安静的、充满阳光的都市花园的形象，欢迎着来往的游客。在整个设计过程中，馆内那些被精心复原的大理石容器、神像等给了设计师灵感，使其在尺度、和谐感以及极简的形式表现上大获启迪。咖啡厅的屋顶设计尤值一提，一丝丝明媚的阳光从半透明的白色顶棚透射而入。整个空间内都弥散着圣洁的光束，教人想起古基克拉迪文明的无上荣光。渐渐地，这光落在了地板上，形成一道又一道微妙的影子。咖啡厅所选用的基本色调及材料，如石材、木材、金属、玻璃等，皆与基克拉迪群岛天然景观的色彩及质地相契合呼应，以求在现代化的城市里还原群岛的自然风光。END

1	3	4
2	5	

1　咖啡厅
2　咖啡厅顶棚
3.4　商店下层区域
5　商店上层区域

中福会浦江幼儿园
PUJIANG CHINA WELFARE INSTITUTE KINDERGARTEN

摄　　影	苏圣亮
资料提供	致正建筑工作室

建 筑 师	张斌、周蔚 / 致正建筑工作室
主持建筑师	张斌
项目建筑师	袁怡（方案设计、扩初设计、施工图设计）、王佳绮（室内设计、景观设计）
设计团队	李姿娜、李佳、刘昱、丁新宇、肖伟明
设计单位	同济大学建筑设计研究院（集团）有限公司
结构形式	钢筋混凝土框架结构
基地面积	20 000m²
占地面积	5 092m²
建筑面积	15 329.3m²
地　　点	上海市闵行区浦江镇江柳路、浦秀路
建设单位	上海浦江镇投资发展有限公司
施工单位	上海广厦建筑工程有限公司
设计时间	2011年12月~2014年03月
建造时间	2013年06月~2015年05月

作为浦江新镇的高标准教育配套项目，江柳路幼儿园由二十个日托班和一个早教及师资培训中心组成，位于大片的低密度居住社区内，基地西侧道路设置人行主入口，北侧道路设置后勤入口，东、南两侧与住宅区接壤。场地规整，南北进深较大。

中福会是国内知名的幼儿教育领导者，它对幼儿园设计有自己明确的诉求：一是强调室内外空间的整合关系，创造多层次的幼儿户外活动空间；二是鼓励幼儿的自主成长，将公共空间视为幼儿自主活动的空间载体；三是重视日常运行管理中的安全性与便利性。

本项目的设计基于我们幼儿园设计的相关经验，对中福会的空间作出充分回应与引导。总体布局上建筑尽量靠北、靠东布置，留出南侧和西侧大片的户外活动场地。建筑整体呈现为基地北半部两栋平行微错布置的条形教学楼和东南角的一栋点式学前师资培训中心，它们由底层容纳了所有公共活动设施和管理办公的两个基座连成一个整体。基座的两部分相互对应，在教学南楼的底层形成了一个多功能的架空活动场地，既作为整个幼儿园的主入口空间，又将北侧由两栋教学楼围合的内庭院与南侧的大片户外活动场地相连通。入口架空空间的东、西两侧分别对应访客与办公门厅，以及幼儿晨检与主门厅。东侧基座的北半部为办公和家长接待空间，便于园方与家长互动，通过数个小庭院解决采光通风问题；南半部布置多功能厅和室内游泳池，直接面向南侧主活动场地；南北两半之间正好是独立设置的早教和培训入口。西侧基座内主要布置各种专业活动室，并可以用于各种幼儿自主活动的富于变化的宽大的曲折走廊连成一体。基座的屋顶在二层形成了一系列由绿篱围合限定的活动平台，并在东南角由一个绿化大坡道与地面活动场地相连通。

所有的日托班都在两栋教学楼的二、三层南侧，北侧除了交通、服务设施之外就是一个带有多处放大空间的走廊系统，每个日托班的活动室外都配有可以延展幼儿活动的大走廊空间，并配有数个贯通上下楼层的小型共享空间，让每个楼层密集的班级空间在这些地方可以得到释放，同时也加强了楼层间的互动。两栋教学楼在二层的共享空间里都有一座醒目的大楼梯与底层公共空间相联系，让孩子们的上下楼过程更有趣味性和吸引力。

由于这个幼儿园的规模超越了一般配置，如何控制尺度感知成为设计中的一大重点。在外在形态上，我们将大小差异悬殊的三栋主体建筑都以和内部单元空间相对应、同时又有微差的小体量错落叠置而成，并用可以为顶层带来更多空间潜力的双坡顶单元的重复拼接来消解教学楼相对巨大的体量，使主体建筑更接近小房子的抽象聚集。立面上通过不同的开窗方式的交错并置所获得的虚实变化更加强了这种空间意向。底层基座主要通过南端大空间的偏转分形的地形化处理，以及其他各处错落分布的小庭院来控制外部的尺度认知。西南角基地主入口旁的门卫兼钟塔既是园方希望设立的入口标志物，又以垂直向的形态特征平衡了主体的水平性延展。而在内部空间上，主体建筑是把通过走廊纵向组织的整体感知和通过屋顶贯穿班级空间和走廊放大空间的横向组织的单元感知结合起来，以达到单一尺度的消解。底层的公共空间也由于那些曲折变化并与庭院互动的走廊空间、以及被限定出的多个自主活动空间，其尺度感在连续中得到了不同变化的定义。

建筑的构造、材料与色彩选择其实也是空间与形态策略的延续。底层基座为灰色真石漆，在架空、门廊、窗洞等开口部位引入明亮的色彩，在保持整体性的同时又富于变化的趣味。二、三层主体建筑采用正面为灰白涂料、侧面为彩色涂料的逻辑来处理，凸显体量的凹凸错落感。而银灰色的铝镁锰板坡屋顶很好地平衡了与其同向的侧墙面的色彩变化。室内部分也以白色涂料墙面作底，结合楼梯、中庭、班级卫生间等的明快色彩运用凸显空间中的认知重点。室内玻璃隔断的浅木色也用以平衡色彩的变化。特别是底层居于两栋教学楼之间的图书室，通过完全的浅色木质界面和家具的处理，以及内部自

由错落的微地形台地阅读空间的设置，营造了尺度宜人、温馨自由的幼儿交流空间。🔳

1 跑道外观
2 夜景
3 内景

	4
1	
2	3	5

1　图书游乐室
2　入口
3.5　走道与通道
4　剖面图

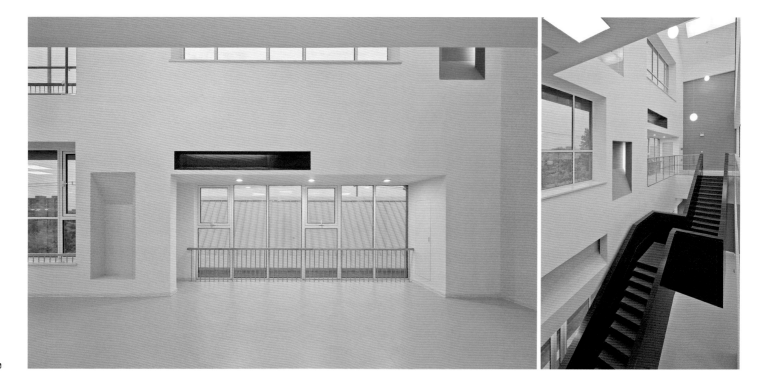

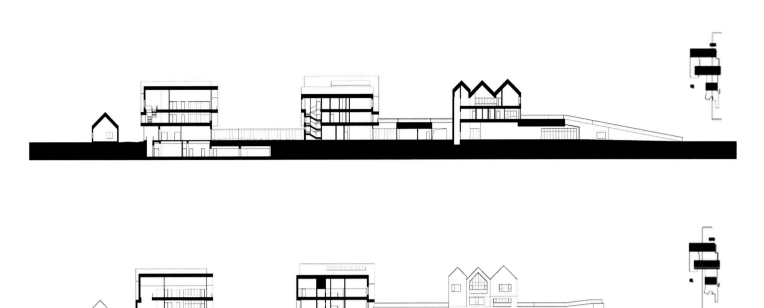

蒸鲜餐厅
ZHENGXIAN RESTAURANT

撰　　文	小树梨
摄　　影	周心然
资料提供	WHD后象设计师事务所

地　　点	湖北武汉汉口江滩
面　　积	670m²
设 计 师	陈彬
设计团队	严小兵、陈辉、李元鑫、何劲松
完成时间	2015年7月

当精致纤细的东方美食与工业风相遇，会碰撞出怎样的火花？

或许，我们能在"蒸鲜"找到答案。蒸鲜是一家以东方食材为主、力推健康饮食方式的餐厅。在设计过程中，设计师化繁为简，希望以一种最简单的方式，打造出一处能吸引快节奏生活的都市人群来慢慢品尝、享受自然美食的空间。餐厅的整体设计风格为时下盛行的工业风，然而，在设计师看来，工业风也不应被框死在"粗犷"或"粗线条式"的惯性表达里，工业风也可以有安静、优雅、圆润，甚至是亲切温情的一面。透露出细微锈蚀痕迹的钢、经手工打磨后细腻光滑的砖，还有如玉石一般触感温润的水磨石，是在蒸鲜餐厅内反复重现的元素。这些材料可说是司空见惯，然而，设计师对这些材料细节上的把控与处理，却使其有了全新的注解。三者相配合演绎，于是硬朗的工业风也有了别样的风情，在细枝末节处，可捕捉到一丝丝温情与雅致。

餐厅还有许多小细节的设计亦值得称道。顶棚便是其一，在极富变化的天顶处，多重的折角和倾斜面被用来消解划分用餐区域的墙、柱、格栅等构件所带来的拘谨及约束感。而这一来源于传统民居的灵感，也使得餐厅更具"家"一般的温暖氛围。与此呼应的，还有叠放在一起的青花粗瓷碗、放在细钢格栅架上的蒸笼，那么亲切，又那么熟悉，唤醒了我们对儿时家宴、妈妈的橱柜、街边坊内美食的记忆。而这也自然是空间内陈设的亮点所在。设计师对于餐厅内不同功能空间的划分也做了用心处理。入口处的蔬果吧及明厨给人以明朗开阔之感，而在其后的用餐区，设计师则划出了更奢侈的人均空间，满足了人们日益注重的私密及舒适性要求。 END

1		4	5
2	3		6

1.2 从大堂看向明厨及蔬果吧

3 暖黄色灯光下的瓷碗陈设

4.5 叠放的粗瓷碗、蒸笼陈设

6 钢格栅隔出私密舒适的用餐空间

自然家：竹丝扣瓷带来的日常温暖

撰　文　｜　谭雪娇
图片提供　｜　自然家

　　大约四年多前，我们到四川邛崃一带考察各类竹子及竹工艺。在平乐古镇，我们遇到了游伟师傅。他作为竹丝的非物质文化遗产传承人，向我们展示了竹丝扣瓷的工艺特点。我们拜访之前对这个工艺虽有所了解，但亲眼所见、亲手接触之后，不能不叹为观止。当时由于距离以及沟通的不便，我们并未能深入地去研究，或是与当地工匠合作。之后，我们一直念念不忘这里的竹林，以及这个精致入心的竹编工艺——竹丝扣瓷。

　　竹丝扣瓷（又名瓷胎竹编），这项工艺的历史最早始于清朝。由于制作难度高，一开始只作为皇室贡品。竹丝扣瓷对原材料的挑选极为严格，四川邛崃山上万亩竹丛只选阴面的慈竹。这种慈竹与其他地方的竹子不同，竹节长，背阴而生，所以纤维细柔。一条合适的竹子，只选其中最长的两到三节，因为只有这样的竹子才能拉出比头发丝还细的丝，在制作时便于编织。一百斤原竹只抽

丝八两，细如发丝、柔如绸缎。经过匠人们高超的技艺，一丝一丝缠绕在瓷器上，给瓷器穿上一件温暖的衣服。抽取竹丝，需要用自制的排针，按在自制的蔑片上，轻巧地一抽，即便分出竹丝。最后用匀刀将竹丝再次加工，形成完全一致的粗细。竹丝贵比金银，因为整个工艺必须用手工制作完成，目前还没有机器可以取代。

　　瓷胎竹编的制作过程，是造物，亦是造心。全凭匠人的双手和一把镊子进行手工编织，让根根竹丝紧贴瓷面，依胎成形。竹丝长度有限，编织过程中往往得多次接入新的竹丝。所有接头之处都做到藏而不露，宛如天成。瓷胎竹编的难点在于，竹丝细软得几乎没有骨力，要想让它顺势依胎而上，达到严丝合缝的效果，不仅在施力的尺度拿捏上要有所见地，编制时还要如僧人坐禅那般心无旁骛，否则很容易行差步错。

　　经过一年多的实践，我们从胎体——瓷器的造型角度出发，设计了与竹丝扣瓷工

艺更为结合的杯型。这一系列更适合现代人的日常生活使用。考虑到竹丝紧贴底部的设计，让竹丝与瓷器永不脱落。纬线竹丝极细到 0.5mm，既能具有良好的隔热效果，也能给人带来有温度的触感。

　　作为设计师，我们多年与传统手工艺打交道。多年来与匠人们合作的经验告诉我们，每做一点努力、一点改进对于这些宝贵的传统手工艺来说，都有积极意义。每次我们到邛崃，深入每个工艺背后的细节，真切地感受到保护传统手工艺的同时，将竹丝扣瓷这种珍贵的非物质遗产手工艺用于日常，亦是真切地保护工艺，以及工艺背后的自然资源与环境。我们期待通过这些竹丝产品使更多人能认识到竹子与传统手工艺的魅力。 ■END

　　注：自然家成立于2006年9月，由设计师易春友（BBKen）和谭雪娇（Corri）创办，主要从事以天然素材为主的产品设计和室内软装工作。

1		4	5
2	3	6	7	8

1.2　竹丝扣瓷系列茶器

3　扣瓷工艺

4　用自制排针按在蔑片上抽取竹丝

5　制作时所需的工具

6-8　自然家的"新生"系列家具

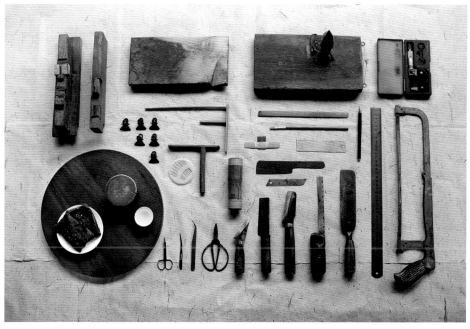

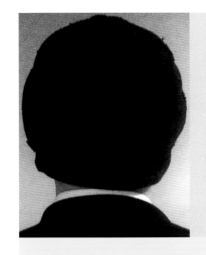

闵向

建筑师，建筑评论者。

九平米的宣言

撰　文　｜　闵向

俞挺在 2016 年上海设计艺术展上以神圣空间为名搭建的 9m² 的蜗居空间，可以将其看成他的一种建筑学宣言，尽管他拒绝宣言，并在不同场合号称宣言已经是过时幼稚的行为。

上海性宣言

俞挺似乎自 2015 年开始特别强调他作为建筑师实践和研究中的"上海性"。他宣称所谓地域主义和人道主义脱离真正具体的场所和人，就是伪善。这似乎是针对建筑学中盛行的机会主义风潮而言。他抛弃了宏大叙事，多从历史、生活等碎片切入，以一系列微小的行动把上海作为他建筑学研究和实践的对象。这个"九平米蜗居空间"的搭建，被他称为神圣空间，是他把上海性作为他探索建筑学审美新形式，并试图创造具有真实的地域性和人道主义及人文关怀的建筑实践的宣言。

宣言是一种批判

在宣言中我们可以看出俞挺试图要批判什么。俞挺不是在复原一个旧时破败的蜗居，而是尊重蜗居中的人利用空间的智慧而重新设计了这个空间。

分寸，是他在研究蜗居中得出的一个上海性关键词，上海大规模建设的雄心被消费主义所感染，在"魔都"的各个角落都躁动着过度的购买，俞挺在九平米空间中节制地展现着分寸，来批判过犹不及的消费主义和背后失控的物欲。

尊严是他在研究蜗居中得出的第二个关键词，上海的大发展正好合上了全球化潮流的节拍，全球化的洪流以先进的名义粗鲁地冲刷每个曾经有着独立生活方式的角落，将那些角落贬低为落后而剥夺它们的尊严。但现在看来，我们成为全球化的一部分并不能建立起我们的尊严，反而使我们迷茫。这个立足上海的九平米展示了一种面对全球化批判即"我的尊严，我很好，我不拒绝全球化，但最终我抱有自己的态度和生活方式"。

微物（small things）则是第三个关键词。在现代主义时代，微物是被忽略的。在后现代主义，微物则是被盗用的，是另外一种忽略。俞挺的九平米是微物的叙事，他对微物的关心是对史诗中关于真理（truth）和智性（intelligence）叙事的批判，显然，微物看上去微不足道，但微物之间的关系，一种被宏大叙事所不耐烦的唠叨（chatter），则或许是构成我们宏大万物的基础。

万物（all things）显然是第四个关键词，但万物不是现代主义时代那个被抽象化的概念，它是个复杂系统，认识万物，作为建筑师，首先就必须认真学习和倾听万物最具体的需求。那种基于抽象认知万物的知识最终会被证明失效的，是伤害和囚禁万物的工具，所以万物是对现代主义时代所积累知识和迷信的真理的批判。

宣言是一种关怀

俞挺用九平米暗示了中国中产阶级的焦虑。中国的中产阶级是个被假设的阶层，仅仅以收入和城市居住为界定，这种粗暴的界定制造了一种身份焦虑，在文化、生活和工作并没有形成稳定的类型时却丧失了原本各自的文化生活类型的焦虑。俞挺的伤害性宣言其实在告诉越来越多步入中等收入的市民，求助于书本电影和其他媒介形成的文化、生活及工作的空间不足以帮助他们缓解身份的焦虑，投机般地救助于宗教，求助于自我放逐般的旅游和移居他处也不足以缓解身份的焦虑。那种正视自己的出处，不美化也不贬低，才能创造自己的身份认同。基于这种认同的设计才是真正意义上的人文关怀，这和所谓架空的人道主义建筑以及假想抵抗的地域主义建筑没有相似处，因为它们不会关

心他者的评价。所以，作为上海人，在俞挺看来，蜗居是基于一种历史条件下所形成的不必回避的存在。而他的九平米，就是他对这一存在加以研究和重新设计后形成的文化和设计宣言。

最后，宣言是一种救赎

俞挺显然把这个展示设计看成一种中国建筑师的救赎。这 30 年的大规模建设，几乎再造了半个中国，但那些居住在传统高密度区域又不属于风貌保护或者不具有商业价值的旧区居民是被遗忘的，他们没有享受到城市化的好处，而其窘迫的境地因为光鲜的城市而被掩盖，甚至不如乡村，后者因为乡愁情怀和乡建政策显然正成为新的热点。俞挺认为需要拿起设计这个工具为这些人做一些什么，改善居住条件，赋予他们尊严，甚至给予一种新的谋生手段，这是作为大规模建设的受益者对这些被遗忘者的牺牲所做的一种救赎。也是为大规模建设中粗暴的一面对城市的伤害所做的一种救赎。

"当时蜗居的上海人，似乎生活在妙不可言的等待中，等待各种随便哪样的未来"，俞挺把这个九平米空间变成上海人的神圣空间，神圣化了一种记忆，但却是可以创造未来的魔幻现实主义记忆。END

陈卫新

设计师，诗人。现居南京。地域文化关注者。长期从事历史建筑的修缮与设计，主张以低成本的自然更新方式活化城市历史街区。

想象的怀旧
——最近的乌江

撰　文　|　陈卫新

　　最近的乌江是个实实在在的镇子，西楚霸王自刎之地，从南京开车过去也不过四十分钟。这让我很意外。这么近，这么多年怎么就没有想到过来看看。项羽曾经是童年关于英雄的最伟大的记忆，什么叫虽败犹荣，这是一个男孩子在成长过程中必须要懂得的东西。傍晚，坐在乌江镇临近长江的一个木屋里吃鱼，长江白鱼，鱼很大，总之与长江很般配。这样的鱼是很难得的，鱼鳞发亮，而且脊背呈现一块浅黄的印记。但我似乎总下不了筷子。我看到屋子的另一侧，也就是说越过那条鱼的身体，在远处那扇窗的后面，是江边的一个堆砂场。有粗砂，也有细砂，几辆挖斗机来来回回地忙碌着。所以难免又空想了一会儿。这江中沉积的沙，许多应是上游顺流而下的吧。历史是什么，许多流传的文字未必是真相，反而，一些默寂的黑暗中的"泥沙俱下"才更有可能是历史真实的遗存。我们现在把沙掺入水泥抹在墙上浇入建筑的任何所需之处，但从未想过这沙可能来自唐宋，或来自更远的楚汉之争。生命之中无数卑微的物件，在布满裂隙的社会语境中，似乎成为了一件一件抵抗现代化的象征。让人在关注当下，关注时代潮流的同时，忽然发现了自己有可能忽略掉了什么东西。

　　"我住长江头，君住长江尾"，江水至下游，泥沙沉积，在南京西侧多出好几个沙洲来，如同一段滚滚而来的情感，遇到内心一个坚硬所在，便安身了，不再折腾。江水渐而转了方向，竟然变成了南北方向，不再滚滚长江东逝水，而是调头往北，风尘仆仆。项羽的"不肯过江东"是这样来的，江东子弟也是真正的长江东子弟。历史上的乌江已经退化为驷马河，项羽不肯渡的江水依然如故。这一段的长江两岸被遗忘了太多年。乌江古时有南京北大门之称，北接滁州，东联南京。时代以颜色论高贵，古已有之，秦人尚黑色，以乌字命名一条水系，是一种巧合，也是一种宿命。项羽的乌骓马也没有能给他带去最好的运气。四方楚歌声，大王意气尽。项羽所以为英雄，因为那是个贵族有贵族自信，俗子有俗子尊严的时代。晋也尚黑色，衣冠南渡后保存至现在的地名有两处，江东边南京城南的乌衣巷，江西边滁州城东的乌衣镇，两岸乌衣皆出自晋之士族。

　　项羽的霸王祠距离吃饭的地方不过3公里，但我还是放弃了去拜访的愿望。朋友问原因，我也说不出，只是觉得眼前的鱼越来越大。鱼鳞如叶，是另一番的枝繁叶茂。不远的驷马山古战场似乎还存在着某种命运的回响。王鼎钧先生在《关山夺路》中有句话，特别适合在霸王祠的凭吊，"人生在世，临到每一个紧要关头，你都是孤军哀兵。"这是他的人生感悟，合适项羽，也合适所有的人。"生当做人杰，死亦为鬼雄。"这是李清照在乌江写的。李清照离开南京，没有南下，倒先去了乌江，不知道当时是怎样的情形。反正这一句慷慨之诗成了西楚霸王的纪念，也被人无数次引用。照中国传统习惯，人之别离，意义是非常的，无论指生死，还是指花开两朵，各表一枝。所以十里一长亭，五里一短亭，依依不舍。似乎都想在别离的时刻给对方留下最好的记忆。古人在意"去思"，今人更在意眼前。微信朋友圈成了习惯，就不会再有"十年生死两茫茫"的慨叹。项羽的乌江一死，便是留下的一种永恒的"去思"。中国讲成王败寇的时候，实际上还有一句"不以成败论英雄"。

在唐代，乌江出过一位大诗人张籍，南宋词人张孝祥是他的后人。张孝祥字于湖，高宗时廷试第一名，《宋人轶事汇编》中有一段文字很有意思。"张于湖，乌江人，寓居芜湖。捐田爲池，种芙蕖杨柳，鹭鸥出没，烟雨变态。扁堂曰归去来。"有趣的是，因为他尝慕东坡，所以每作诗文，必问他的门人，"比东坡何如"。久之，门人都习惯以"过东坡"称呼他了。女贞观的尼姑陈妙常，姿色出众，诗文俊雅，又工音律。张于湖"以词调之"，不成。后来陈妙常与他的朋友潘德成好上了，被人写成了一出好戏《玉簪记》。昆曲折子戏《琴挑》即出于此，换了服饰的陈妙常，娇俏之极。

乌江人林散之也是一位昆迷。拜黄宾虹为师的林散之是属于大器晚成的那种，书法之妙，被尊称为"当代草圣"。我有一张他退休以后给原单位领导写的便条，有关昆曲，信手写来。"戏票怎么办？听说要闭幕了（十五贯），望您赶快替我弄四张票，不能骗我。至托。"真的是生动鲜活。前几天偶然遇到一位朋友，他说了一件事，也从另一方面证明乌江是个底子厚实的镇子。驷马河两岸，安徽与江苏因河分界，一个乌江镇也被一分为二。所以两地都称林先生是他们的乌江镇人。这是两地对于历史文化资源的重视，也是一个地方行政管理变化的见证。

长江边的鱼，最终还是没有吃完。因为饮了酒，所以那天没有能去镇子里走一走，也没能去霸王祠做一个拜祭。这里所写完全是一种想象中的怀旧，于人生并无太大好处。但许多时候，在新的事物并不清晰的情况下，我情愿相信旧的从未走远。乌江之意味深长，不光是其历史悠久，还在于一个旧式的充满人格魅力的英雄。至于一句凭吊的诗，一句缠绵的唱词，一纸随意的手札，都是暖心的小景，可以少点悲壮。古人云，"诗家之景如蓝田日暖，良玉生烟，可望而不可置于眉睫之前也"。想象的怀旧总是这样，我们其实无法与历史靠得更近。**END**

高蓓，建筑师，建筑学博士。曾任美国菲利普·约翰逊及艾伦理奇（PJAR）建筑设计事务所中国总裁，现任美国优联加（UN+）建筑设计事务所总裁。

吃在同济之：
上帝保佑吃早饭的学生

撰　文 | 高蓓

读硕士的时候，寝室里住着一个道交系（道路与交通工程）的女孩，小个子，上海人，永远穿着一件灰色的夹克，脸颊上卧着一片淡淡的雀斑。我总是幻想她应该去唱摇滚，你知道这该有多酷——一张平淡的脸和四季灰夹克，如果再带着拽不拉叽的表情喊几嗓子，简直是中国的 Patti Smith。我还幻想着她每夜在我们睡后偷偷溜出去排练，跟一群也是很拽的哥们一起混着，手边还放着两罐啤酒……这种幻想极大程度地消解了她不爱说话、日常 6 点起床 10 点睡觉、以及总是满满的热水瓶给我带来的沮丧。直到有一次她非常认真地看着我说："我终于知道我们的区别在于什么了。你没有早饭，我没有夜宵。"她是这么说的。

嚯，吃早饭！这是你们道交系才有的项目吧。

去食堂正正经经地吃顿早餐，在我的记忆里可检索不到。最多就在学五楼前面的小卖部里解决一下。小卖部朝向道路转角，完全开放，四周都是宿舍楼，一早上熙熙攘攘。他们把两大筐塑料包装的豆奶放在门口，对了，还卖包子。豆奶是 5 角一袋，刚被加热过，袋子湿漉漉的，讲究点的要个吸管，不讲究了直接咬破口吮吸。我属于不讲究的，嗯，是特别不讲究的，每次咬破袋口的力气总是

掌握不好，十有九次搞得"长使英雄奶满襟"，免不了一番忙乱。读建筑本来就很苦逼，我还要一天耗费大量能量来避免类似的事发生，后来干脆连奶也不喝了。本科寝室里有一个女孩叫锦，没错，估计是锦衣玉食长大的，她喝豆奶比较讲究，狠狠咬破袋口后要一根吸管插在里面吸，还要一个小塑料袋兜着，一边吸，手一边挤，汁水从破口的空隙中流出来，流到衣服和手上，塑料袋挂着滴滴答答的奶顺着褶皱导向各种地方去……这种注视需要一颗内存强大的内心，尤其是当你发现提醒或帮忙已经完全没用的时候。

锦极大程度鼓舞了我继续不吃早饭的信心，而且从此后我和她好得亲密无间了。我们一起吃饭时，她喜欢喝汤，用勺子，喝两口，再用勺子向上刮一下下巴，我是如此沉迷于她的小动作，她仿佛总是恰到好处地知道汤已经流到下巴上了，然后平静地出手搞掂。多年之后我喂儿子吃饭时会情不自禁地想念锦，在她身上实现了喂养者和被喂养者的合体。

建筑系的女生散漫成性，寝室里很多人的早餐都在室内解决。我比较惨，总是忘了前一天晚上去水房灌满热水瓶，第二天早上干脆干吃奶粉，好在味道也不错。有一次寒冬，考试前开了夜车，第二天早上急需唤醒麻木

的身体，没有热水，又不好意思总是问别人借，只好把咖啡拿来嚼，这应该是无法忘却的回忆，因为那味道……不信你可以试试。

归根结底就是太懒了，画图晚，睡得晚，哪有大清早去食堂喝粥的时间。食堂里都是那些大干社会主义事业的年轻人，他们六点就起床晨跑一早拿三张晨跑卡，晨跑完精神抖擞再吃个早饭身体顶呱呱，那就让我们烂在腐朽的小床上吧。玲和我都是寝室的懒觉大王，她睡下铺，从上大学第一天起就在床边墙上钉了一大块布，布上有大大小小各式各样的口袋，口袋里各种各样的吃食和用品，于是可以想象，她一天都可以在床上过了。然而二年级的某一天，她说要去吃早饭！只去三食堂吃早饭！只在七点钟去吃早饭！

三食堂有的不只是早饭，三食堂还有一个每天去吃早饭的帅师兄。这个师兄真是建筑学的骄傲，读到硕士快毕业了还如此有纪律地每天定时定点去吃早餐。玲六点就起床，洗脸打扮梳辫子，穿得"山青水秀"出现在三食堂的桌边。每天都能相见，这是一种什么样的缘分，帅师兄看到了玲有时就会端着粥饭过来一道吃，那时候还没有雾霾，试想明媚的朝阳洒在两个年轻人身上，玲的发尖和白粥都闪着诱人食欲的光芒，四目相对，言谈轻快，晨光无限好，只怕闻铃声……

其实是六目相对，不，应该更多。玲不喜欢单打独斗，早饭多半要拉着文子去，帅师兄也经常是和三两同学一同去吃早饭的。大家好奇问文子发展情况，文子叹口气：怎么发展啊，玲只吃只笑不说话！

就是不说话，一勺一勺地含笑吃粥，漂漂亮亮地一丝不苟地吃粥，像一个永远不会迟到也不会出错的瓷娃娃一样吃粥，然后回到寝室，脱了漂亮衣服散开头发，叹口气："我好喜欢他啊。"之后便又再睡去。

接下来的一整天，只能用打发来形容了。就像有一台名叫时间的榨汁机处理了她的一天，早上流出的丰盈甜美的浆液，剩下的枯干的余料。

她记得早饭时他说的每一句话，他应该不记得，因为她不说话。不过他应该记得她吃粥时矜持而美丽的样子。其实，毕竟，喜欢这种东西是一种不用语言的感受。

时至今日，我仍然能记得，在清早的慵懒中，躺在上铺的我睡眼朦胧地向下探看，玲对着挂在窗棂上的塑料圆镜整理头发，左右端详，像一朵带着露水的娇怯的花朵，小心翼翼地在朝北的幽暗寝室中绽放……这是我大学时代几乎最美的记忆。

不吃早饭的人也是可耻的，不只是我，还有其他躺在床上的室友，寂静地目送着玲欢天喜地地拿着搪瓷饭盆出门去，发阵儿呆，再睡会儿吧。睡着睡着，春天就这样过去了。

教授、建筑师、收藏家。

现供职于深圳大学建筑与城市规划学院、东南大学建筑学院。

灯火文明
中国历代灯具收藏与鉴赏

撰文、摄影 | 仲德崑

引言

我的油灯收藏，和我早年热衷于中国古代村落的保护有着不解之缘。1989年的春天，带着毕业设计学生来到浙江省江山市廿八都这座位于仙霞山脉浙赣闽交界之处的古镇，被独特的古镇形态和建筑文化深深吸引。而偶然发现的一盏油灯，引发了我对油灯收藏不懈的追求。作为建筑学教授和建筑师，从事建筑学的教学、设计和研究过程中的成败得失、爱恨甘苦，已悄然淡去。我多年来行走于各地参加学术活动之余，于街巷市井寻寻觅觅所得的中国历代油灯，却在建筑之外开启了另一番天地。历经二十多年，我收藏的中国古代油灯已逾千盏，材料上涵盖竹、木、陶、瓷、铜、铁、玉、石，时间上也纵跨新石器时代直至近现代，其中的青铜器不乏精品，陶瓷器在窑口和瓷器品种上亦大有可圈可点之处，所收油灯的数量和品质大约在全国可数之列了。

从火到灯

人类文明的起源，大约离不开火。在距今一百七十万年的云南元谋人遗址中，考古工作者发现了不少炭屑，这是中国目前发现的人类最早用火的证据。在距今四、五十万年的北京周口店北京人遗址中，发现了用火烧过的骨骸和木炭，还发现了厚达数米的灰烬层，这表明，北京人在当时不仅知道用火，而且还有控制火和保存火种的能力。

火的获得和保存，是人类从蒙昧走向启蒙的前提。对于世界上各个民族而言，火都是神秘而神圣的。所以，古希腊有普罗米修斯盗取火种带回人间的故事，中国亦有燧人氏"钻燧取火，以化腥臊"的传说。

炎帝的称号与火亦是大有渊源。《史记补三皇本纪》云神农氏以火得王、故曰炎帝，以火名。原始人类认为，火与太阳同源，日为火之精，炎帝是被作为火神来崇拜的。火被用于生产和生活后，原始人类开始熟食，开始烧荒垦殖、取暖照明、范金制陶，引发原始先民生活的巨大变革和人类社会的长足进步。

人类在暗夜中燃起的篝火，应该是灯的最早形式。火，让人类能够驱赶黑暗，给人类带来光明，而伴随火之操作而来的是火之保存。原始人类发现，要想获得一个稳定的光源，仅靠篝火是不行的，必须有一种便于移动、可以防风、并纳及器皿的设置。于是，在人类懂得了保存火种，继而人工取火以后，火在时间上得以延续和在空间上得到限定，就产生了灯。灯赋予火以空间，灯的出现，则是火的空间化。而灯所照明的范围，应该是原始先民最早的空间概念。

灯的出现，使得火从时间上得以延续，从这个意义上说，灯的使用也是火的时间化。灯，为原始人类的定居生活、夜间劳作提供

图1 几盏明代青花油灯盏中题写的文字，正体现了古人对于火和灯的渊源关系的理解

图2 良渚文化黑衣陶灯

了可能（图1）。

试想，有哪个民族，哪个地区，哪个时代，哪个文化，离得开灯和火呢。灯火阑珊，伴随着人类文明的起源，进步和发展。万家灯火，是家的诗意表达，也是和谐安详的社会表徵（图2）。

图3 民国竹椅座挂两用灯

图4 清晚期铜质灭蚊行灯

图5 清晚期玻璃灭蚊行灯

图6 汉青铜雁足翻盖灯

图7 汉代青铜镶嵌绿松石盒形翻盖灯

图8 汉青铜行灯

从用到型

和建筑一样，油灯也是使用和造型的高度统一，功能、形式和材料的高度综合。

在廿八都考察古民居时，一盏油灯吸引了我的目光。竹制的灯座如同一把高背的太师椅（后来知道中国传统家具中的"挂灯椅"即与此相关），坐板透空，上座一盏带柄的铁质灯盏，下面挂一个竹筒。灯盏中一根灯草悬于盏边，燃烧时渐下的油则顺着盏沿滴进下面的竹筒，可供循环使用。整个灯座以榫卯和竹钉连接，不用一根钉子或胶水。其功能，其形式，其材料之高度统一，和我们建筑设计原理完全一致，遂起带回作为教具使用的念头。孰知这一念头，竟然开始了我漫长的油灯收藏之旅（图3）。

清晚期铜质灭蚊灯，造型酷似西方武士的头盔。下部是一灯壶，上部的灯罩用黄铜制成，前面开一圆洞，顶部作一圆孔。灯点燃后，向前可照明，顶部小孔可以透气。古人夏日使用蚊帐，帐内偶有蚊虫嘤嘤。人们手端油灯在帐内照明寻找蚊虫，一经发现停歇在蚊帐上的蚊子，用灯前部的圆洞对着罩上去，由于气流的作用，蚊虫立刻被吸入圆洞烧死。这里古人对于流体力学的应用，可谓"灯火纯青"了。这盏第一代灭蚊灯的功能、造型和材料的高度综合统一，定会让当代的工业设计师们五体投地（图4）。后来又收藏了一盏玻璃的灭蚊灯，就更进一步地综合了日常照明的功能，成了照明灭蚊两用的多功能灯了（图5）。

从器到艺

油灯，照亮生活。它们首先是生活器具，但是它们同时也是技艺，体现了"生活—设计—制造"的逻辑。

我收藏的汉代青铜雁足翻盖灯，最能说明生活、设计和制造的关系。这盏油灯虽只是日常的用具，却也包含了精妙的设计意识。这盏灯，平时就像一个盒子，但围绕一个铰链翻开后，向上的部分是一个灯盏，盏中心立一根铜钉，用以固定或支撑灯芯。下面的盒子是一个储油的容器，熄灯后上部的灯盏翻转下来时，剩余的灯油又回到下面的容器中。这里我们看到了我们今天家具中常用的长足铰链的身影，而它比长足铰链更为巧妙的是它翻开时的定位之准确，铰链的两臂成了直立的灯柱。灯的材质是青铜，采用当时的青铜铸造工艺制成。灯的造型、机巧和制造工艺，较之包豪斯的"从制造到设计"早了2000年，却有着异曲同工之妙（图6）。

另一盏汉青铜盒形翻盖灯，造型和雁足翻盖灯基本相同。但表面的绿松石镶嵌的纹饰，更增加了设计的成分。其镶嵌工艺，也是汉代设计、制造的高峰（图7）。

汉青铜行灯，作手柄，既可以放在台面上使用，也可以拿着手柄，端着供行走照明。这种为方便使用的多功能设计，和现代的设计毫不逊色（图8）。

从藏到赏

油灯不仅是单纯的日常用具，它们寄托了古人高度的审美情趣。作为实用器物，可

图 9 西汉釉陶狮座高立柱大雁灯

图 10 汉青铜龟座朱雀灯

图 11 西晋越窑青瓷熊足灯

图 14 元青花仰覆莲纹油灯

照明、可供奉、可灭蚊；作为收藏品，刻鉴赏，可把玩，可怡情，这才是收藏的真谛。

说到艺术品，我们常常不得不感叹古人超然的想象力。

西汉釉陶狮座高立柱大雁灯，它的立柱的比例，尺度，细部，与我们建筑中奉为经典的罗马五柱式相比也毫不愧色。狮子和大雁的抽象造型亦十分精美（图9）。

汉青铜龟座朱雀灯，底座伏一龟，上立一朱雀，引颈向上顶一灯盏。造型动静有致，舒展生动，引起人们无尽的遐想（图10）。

六朝时期的西晋熊足青瓷灯是这一时期越窑青瓷中的奇葩。优美的造型，奇妙的釉色，简洁的装饰，不能不说它是一个精美的艺术品（图11）。

唐长沙窑釉下绿褐彩鸟形灯，首尾相对，双翅翼然，似球似鸟，十分传神。长沙窑创造

了中国最早的釉下彩工艺，米黄色的底釉下点染绿色、赭色，造型、色彩和功能浑然一体，让我们当今的设计师们也叹为观止（图12）。

五代越窑青瓷鸿形灯，在灯盏的一侧贴塑一只鸿鹄，一首一尾，拱托灯碗，与长沙窑鸟形灯有异曲同工之妙（图13）。

元青花是瓷器收藏家们梦寐以求、朝思暮想的藏品。当然，想要收藏一件作为陈设器的大瓶、大罐、大盘，的确比登天还难。但是，我想，元代平民总会使用日用青花瓷器，因而收藏到这类元青花或许有可能。这盏元青花仰覆莲纹油灯其精致和粗放并存，端庄和随性同在，亦不失为一件可藏可赏的元青花瓷器（图14）。

明代是青花瓷器的高峰，明青花油灯的存世量也比较大。这盏明成化青花蝴蝶纹油灯体型硕大，卓然挺拔，集适用和美观于一体（图15）。

实际上，油灯和油灯上的装饰，寄托了一个时代人的精神情怀，同时也见证了时代的变迁。清代的油灯品种十分之丰富，这盏清同治粉彩麒麟送子瓜瓞连绵纹油灯，体现了人们对于多子多福的追求，当是清代民间瓷制油灯的典型代表（图16）。一对清宣统青花龙纹烛台，底款"宣统三年制"，则记录了清王朝的最终覆没（图17）。

我的前半生，献给了中国的建筑教育，也有些自以为不错的建筑设计作品。然而，一生只从事一件事，未免失之单调。收藏界往往过于注重藏品经济价值而忽视文化价值，造成对于许多用具、工具的文化研究太为匮乏。我想，把灯具的收藏持续下去，作为后半生的研究领域，同时怡情养性，颐养天年，亦喜洋洋者矣。**END**

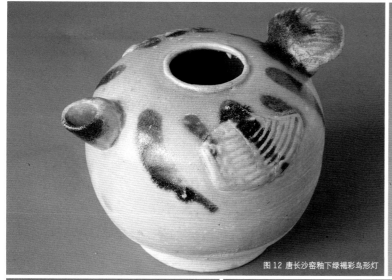

图12 唐长沙窑釉下绿褐彩鸟形灯

图13 五代越窑青瓷鸿形灯

图15 明成化青花蝴蝶纹油灯

图16 清同治粉彩麒麟送子瓜瓞连绵纹油灯

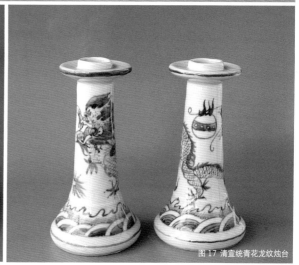

图17 清宣统青花龙纹烛台

京都记：庭与室的互生

撰文、摄影 ｜ 孙建华

　　上回京都之游已一晃数年，那年那时银杏灿烂漫天遍地，恍然间不似真实。此次京都行又逢清寒天枫叶季，白云低重，雨过天远，桂川缓缓。桂离宫绵密竹墙之内，苍苔落红，溪石宛流，竹亭松琴若宋元古画场景飞来东瀛。山水依然，千年古都，书老人非，坊间杂事宫闱恩怨都化作暖帘后层层阴翳，轻微欠身，低眉浅笑。岚山在外，桃叶远行。

　　数年前，曾应日本友人之约，游访京都、奈良。当时碧空之下金黄银杏叶满树满地，至今历历。京都是日本传统文化的重镇，从公元 794 年桓武天皇迁都平安京，一直到公元 1868 年东京奠都为止，长长的一千多年时间一直是日本的首都。如此久远的历史年代中，人、事、物都积淀在这一方山水，造就京都独特丰富的文化特征。

　　在大多数情况下，我们对日本文化的认知往往聚焦在其对中国传统文化的学习、继承部分。换言之，即在日本文化中寻找亲近与熟悉的部分。这种"类同"性，很多情况下被意识放大、幻化，掩蔽了其实更重要的差异、进步与创新。

　　大概五六年前，我去访问法国南部乡村的印象派大师莫奈的故居（莫奈花园）。当时非常惊讶地得知这位西方现代主义画家在生平花大量时间研究日本文化，尤其是浮世绘。

印象派绘画与日本传统文化表面上看似乎风马牛不相及。然而，如果稍作了解便会发现，研究并深受日本文化影响的西方现代主义时期艺术家、设计师能列出一个长长的名单：赖特、密斯·凡·德·罗、蒙特里安、梵高、马奈、莫迪里阿尼、马蒂斯……19 世纪后期，日本文化在西方广泛流行，并产生影响重大的"日本主义"。游离于亚洲东部大陆、漂浮在海洋上的日本列岛，自古以来就从中国和朝鲜半岛接受高度发达与成熟的文化，在此基础上消化吸收并形成自己的体系。

　　十一月底是京都枫叶季末。微雨之后空气清冷，由于城市规划的限制，京都城内基本上很少有高楼，灰云低垂之下，视野开阔平远，一直绵延到远处丘陵层峦。

　　以黑川雅之先生的观点来看，日本的传统"建筑"甚至称不上"建筑"，与西方建筑理论体系中所定义的建筑截然不同。其实这并不让我感觉过分意外。比这更让我吃惊的是日本建筑与中国唐宋以来的传统建筑、日本园林与中国园林的差异之大，确实是之前未曾深究时不能想象的。

京都：庭园

　　从表象上看，"枯山水"是日本庭园的最大特色。单从材料而言，这似乎也合情理，

如果深入研究思考之后，就会发现日本园林与中国乃至西方园林之间存在着几个最为显著的差别。

　　首先，日本传统庭院是"观"的园林，而非"游"的园林。中国园林中，绝大部分区域都是可以进入的，曲径、小桥、连廊、亭榭、假山……人在园中，行进路线非常丰富。然日本园林不同，相对而言，观园林的动线是比较固化的，通常游走于建筑的外廊边缘，或者是一条可穿越园林却又相对固定的路径。在上述行进线之外的区域，只可"观"，却不可进入。细石山水、水面、苔藓灌木、石组均如一定距离之外的盆景。这种审美观的由来耐人寻味。庭园的文化也渗透到了日本生活的各个角落，正如料理是餐桌上的园林，茶道是茶桌上的庭园……在日本文化中，"观"与"演"的角色关系被相当鲜明地标识于文化演绎的所有场景：能剧、狂言、歌舞伎、茶道……表演与观赏是一对关联又分割的关系，观与演的角色身份是被充分仪式化的。由此，这种审美价值也渗透于日常生活中，日本人特别注重自己的言行在周遭及其他人眼中的样子，这是典型的观演文化意识。

　　其次，日本庭园与建筑的关系密切到几乎很难把它们拆解。既然庭园是"观之

园"，这种观，绝大部分的情形并非是在游走中观，而是相对静止，或者说是游走幅度受限的"静"观。其实，黑川雅之认为以西方建筑观点去定义日本建筑的外廊为室内空间与室外庭院之间的"过渡空间"是错误的，也正是这个意思。因为从本质上说，日本传统建筑的内空间与外部空间是一个完全的连续体，不存在被切割划分的"内"与"外"，既然没有内与外，当然也就不存在内外之间的所谓过渡。从阴翳的室内，到层层的障子门，到檐下外廊，再到庭园、到围墙、到远山，这是一个完全有机融合的空间体系。无论平面、地形如何多变，这一层层关系永远存在。

第三，京都庭园是抽象又抽象的艺术，是自我约束的价值追求。和中国园林的具象

拟形、活色生香相比，京都园林在总休气质上更加抽象洗炼、含蓄内敛。细石耙痕为河流海洋，石组为山岛，青苔灌木为林原，乔木为岭。元素极简，选择考究，意在形中，意在形外，无喧闹热烈，却在孤寂静谧中传递无穷遐想。之前听人说起过，日本园林之所以广泛运用枯山水是因为多地震的缘故，现在想来，只能是调侃笑谈罢了。京都庭园无论私邸、寺院、宫府，处处胜景。

七日里，寻访桂离宫、醍醐寺（三宝院）、平等院凤凰堂、无邻庵、南禅寺、东福寺、龙安寺、大德寺、西本愿寺等等如画卷层层展开。读一处园，如果未达三次以上，实是蜻蜓点水，只及皮毛。更何况四季天色、气候、植栽时时变化，物变人变、物老人老，没有一处庭园可以妄称领略。

庭园之妙，在于初时看景、看物；次而观世界、观人生；再而省自我，此我非小我，是万千之我。了了细砂孤石苔痕，无形中包含了宇宙万千之象于一方亩、数尺围墙之内。此即庭园精妙之处。

京都：室与间

岛国境内，多山川而少平畴。山间林木森森，木与石也就自然成为日本建筑与庭园最重要的材质。日本传统建筑无论材质与形态，基本就拟同于"木之林"。屋顶坡陡而檐远，犹如树冠，多为茅草或木片覆盖，新时清丽，旧时苍茫，经日晒雨淋自然风化而复归自然。建筑中段基本是直落的柱阵，墙体被最大程度弱化，甚至消失。柱与柱之间是和纸木框与直落地的障子门，层层叠叠，从室内深处一直到外廊内侧边。

在京都途中，曾经有感写下这段文字："和式空间是理性的坚决与感性的暧昧斗争、交错的结局，它在现代建筑远未到来的数百年前，就已经为其准备和成熟了基本法则。除了木式人字构这一与山川环境对应的宏观法则未能挣脱之外，已经惊人地构筑了弹性多义空间、几何模数化、单元群组、结构与围合逻辑分离等等现代建筑最核心的支撑体系。另外，基于"观之文化"的戏剧性，又使得和式空间中人与周遭被处理成观与演的关系。由此，可变破解的建筑、器物均被转换成围绕剧情而即时上场、被精确计划的"舞台设备"。在观与演的关系中，建筑通常是非物理性的，而变得与设定剧情（仪式）和偶发情感（突然）相关联——这种坚决的理性又与瞬时的暧昧相关。"

京都的建筑是"逻辑清晰、尺度自律、弹性多义、暧昧融合"的。令人惊奇的是，在如此传统的建筑体系中，竟然包含了现代建筑中绝大部分核心的思想元素。

无论地面（榻榻米）、立面（方格障子门）、柱网、屋顶梁架都已经形成完全模数化的尺度逻辑，与现代框架结构相比，无非是后者材料上换成钢、混凝土、玻璃而已。

在平面的柱与柱之间，连续的、纵横向障子推拉门对空间进行多次"分割"，形成迷宫般连续不断的"间"，这些所谓的"间"是瞬时可变的：用餐、喝茶、会客、睡眠、娱乐……同一场所因时间而带动功用变化。西方现代建筑的主要特征如模数化、弹性、流动空间在这里已经成熟。想当年，密斯·凡·德·罗一定是对日本传统建筑做过深入研究的。

自律与约束处处贯穿于日本文化深处。初进日式空间，一定会对室内障子门的高度大惑不解：无论建筑层高多高，落地推拉的障子门基本是1.8m左右，似乎低及头顶。随着考察深入，逐渐找出了答案，这个高度其实是多方面元素综合平衡之后的一个"必然"：①日本建筑室内基本是一个席地的尺

度而非站立尺度（日本有"高床建筑"的称法）；②传统障子门没有推拉五金，基本是木门与框之间的摩擦力，过高过重，推拉时一定手感不便；③与当时大部分人身高相宜，这个门高是一个材质节约，又经济性能比最好的模数；④由于室内所有墙基本都是活动的，需要有部分陈列的尺度在障子门上缘至屋顶的水平带形空间。如果门过高，这个带状空间无论视角、安放尺度都不方便，而1.8m以上恰恰是一个非常适合的高度；⑤这种间与间之间，置于头顶稍感"下压"的限定感，与日本文化"约束"而非肆意放大的审美价值是吻合的。当然，也许还有别的原因，但仅上述这几点就以说明这个千百年流传的"约束"尺度之必然性。

建筑室内层层的分隔由透光、轻巧、不隔音的和纸裱糊的障子门完成。这种分隔方式毫无疑问充满了变化性、戏剧性，也充满了暧昧性。光线从外部最明亮的庭园以逆光的方式透过层层和纸，逐渐黯淡、柔和、直至幽暗。暗处漆器的微光，如少许金色在黑暗中熠熠发亮，幽冥、阴翳的神秘美感由此产生。在西村家庭园的和室内，屋主人把电灯关闭几秒钟之后，整个空间泛着间接的黯淡光泽而安静下来，虽先是不能辨，但却愈渐清晰，物件、人形、空间一样一样从黑暗中浮现，以及呼吸和最细微的声响……那种体验恍若隔世般缥缈。

在庭院与室的关系中，传统日本茶室又将这一对相融的关系发挥到极致。茶室是主客之间充分被仪式化的精神交流与行为观演，是室内与庭园的反转互融。是隐世一隅，又是探究大千世界最敏感的触角。自千利休创立日本茶道之始，已经把茶、人、礼、境，最细微与最广大融为一体。庭院中的茶室是一个窥探宇宙与人性深处的窗口。或许，唯有在京都闹市中的茶室才能真正体会大隐于市的心境。■END

1	3 4 5
2	6

1　大德寺和室

2　银阁寺园林步道

3　大德寺庭院茶室

4　庭院茶室绣横挡墙

5　桂离宫茶轩

6　桂离宫室内

回归 "城市原点"

资料提供 ┃ 深港城市\建筑双城双年展

2015 年年末,第六届深双以 "城市原点"(Re-living the City)为主题,以重塑城市与家园,打造美好未来世界为主旨,通过设计重塑人们的日常生活,倡导对建筑、城市的现状再利用、再思考和再想象。

2015 深双策展团队来自四个大洲,他们包括:评论家、策展人艾伦·贝斯奇(Aaron Betsky),同为城市智库(UTT)负责人、苏黎世联邦理工学院建筑与城市设计系主任阿尔弗雷多·布林伯格(Alfredo Brillembourg)与胡博特·克伦普纳(Hubert Klumpner),香港中文大学建筑学院兼任副教授、南沙原创主持建筑师刘珩,并联合苏黎世联邦理工学院(ETH Zurich)共同完成本次策展工作。在策展团队看来,本届双年展中的许多形式和图片对观众而言都并不陌生,而许多想法也都是微小的,甚至是临时性的。这就是基于现有条件的建筑和城市,利用少量的资源实现需求。

3D 拼贴城市——出乎意料又似曾相识

拼贴和集合作为艺术创作的手段兴起于 20 世纪早期,与将现实视为虚幻的绘画手段相对立。过去十年里,建筑师已欣然接受拼贴概念。在本届深双的 "3D 拼贴城市"(Collage City 3D)板块,参展者力图展现他们多样化的建筑手法,从垃圾或旧材料的直接收集组合、到现状空间或建筑结构的占用、再到利用计算机和社会建模手段演示各种场景等等。

激进城市化——自下而上的城市策略

本次双年展的 "激进城市化" 板块,将更多呈现为了追求社会和环境公正、多元化和平等而创造的另类房屋、交通、生产和娱乐模式。展览将凸显不同形式的激进案例,对建筑师的角色提出质疑并对进行了学科的重新定义,为建筑和设计思考开辟了新疆域、明确了新功能并赋予了新的合理性。

珠江三角洲 2.0——平衡即是多

珠三角地区是中国过去三十多年快速城市化的示范性区域,现在也面临何去何从的选择。本届深双将列出珠三角地区所面临的十个紧迫而重要的问题,涉及土地、空间、环境和人口爆炸相关等课题,期待城市规划师、建筑师以及各种专业设计师的共同思考。

社交城市——分享你的城市愿望

21 世纪的城市催生出一种新的城市现状:互联互通、日趋碎片化和持续流动。这意味着城市规划需要不同的工具和手段。社交城市项目,由荷兰知名设计品牌 droog 创始人 Renny Ramakers 策展,通过独特的手段将数据映射、公民参与研究和设计方案结合在一起,基于真实和虚拟的城市居民生活体验,为城市设计提供一种更加灵活的策略。

创客展会——改变世界的开放设计

随着设计软件、数字制造工具和原型营销工具在互联网上日益普及,如今每个人都能生产、管理、交付几乎所有产品。这一新兴的对象经济背后的参与者将其工作定位于愿望和需求之间。一方面是生产愿望中的物品,而另一方面是制造有实用功能的物品。

本届的展览还包含:国家(地区)邀请展、外围展、企业特别展、公共教育活动(双年展学堂),并新增分展场。主题馆有由维多利亚和阿尔伯特博物馆(V&A)带来的

"无名的设计",建筑师尹毓俊策展的 "城市复兴再思考"(Rethinking Urban Renewal)、15 位室内设计师的家具作品 "城·家"(Household and City)、Tim Durfee & Mimi Zeiger 策展的 "此时、彼地"(Now,there),来自深圳本土的 "土木再生" 发起的 "身边的城市"(My City)自发建造独立调研等。

主展场的两个户外装置有来自探索建筑和设计实验室(LEAD)的 "竹亭"(The Bamboo Shelter)展示如何以最简单的方式实现迷人另类的建筑成果,提倡对自然材料进行创新性应用,通过这类材料的象征性和文化性关联,强化项目所在地的本地特性。■

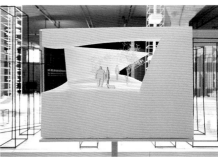

2016 年普利茨克建筑奖揭晓

2016 年 1 月 13 日，在美国伊利诺伊州的芝加哥，普利茨克建筑奖暨凯悦基金会主席汤姆士·普利茨克宣布，智利建筑师亚历杭德罗·阿拉维纳荣获 2016 年普利茨克建筑奖。现年 48 岁的阿拉维纳是一名智利圣地亚哥的建筑师。他是第 41 位普利茨克建筑奖得主，并成为首位获奖的智利人，也是第四位来自拉丁美洲的获奖者，在他之前，路易斯·巴拉甘（1980 年）、奥斯卡·尼迈耶（1988 年）和保罗·门德斯·达·洛查（2006 年）曾经获此殊荣。

普利茨克先生表示："评审团选出了一位令我们深刻理解什么是真正伟大的设计的建筑师。亚历杭德罗·阿拉维纳首创的协作方式设计创造了具有强大影响力的建筑作品，同时也回应了 21 世纪的重要挑战。他的建造工程让弱势阶层获得了经济机会，缓和了自然灾害的恶劣影响，降低了能源消耗，并提供了令人舒适的公共空间。富于创新和感召力的他为我们示范了最好的建筑能够怎样改善人们的生活。"

《中国室内设计年鉴》十一周年庆

2015 年 12 月 10 日，《中国室内设计年鉴》十一周年庆于南京市鼓楼区颐和公馆隆重举行。来自各地的老中青三代国内知名设计师如约而至，共同见证了年鉴十一年的发展历程。活动中，《中国室内设计年鉴》策划人赵毓玲女士、主编陈卫新先生等分别发言，并颁发有关聘书及奖项。随后进行的《中国室内设计现状及未来》主题研讨会及参观交流活动，让本次活动更具深度与价值。《中国室内设计年鉴》是 套以体现中国室内设计现状、打造中国室内设计领域品牌书为目的设计年刊。选登内容丰富，涵盖酒店、会馆、餐饮、地产、文化等各类空间的年度设计项目，赋予设计以典籍形式展现的内涵之美。是国内最早的全面体现当代中国建筑室内设计的图书宝典。客观反映了年度中国室内设计界的水准，已经成为中国室内设计行业不可或缺的标志之一。

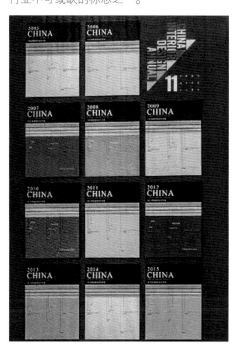

2015 中国（苏州）室内设计总评榜颁奖典礼暨苏州装饰设计行业协会成立大会召开

2015 年 12 月 29 日 "卡斯维诺杯" 中国（苏州）室内设计总评榜颁奖典礼在苏州国际博览中心召开。本次活动由中国建筑与室内设计师网（www.china-designer.com）主办，千余名设计师齐聚一堂，共同见证 2015 苏州年度优秀室内设计作品的诞生。总评榜颁奖现场公布了 2015 中国（苏州）总评榜住宅空间、商业空间、陈设空间、学生作品四个类别的年度优秀、年度最佳以及年度杰出贡献奖名单。同时，苏州装饰设计行业协会成立大会也在苏州国际博览中心圆满召开。

2016 米兰国际家具展

2016 年 4 月 12~17 日，全球目光将聚焦于米兰国际展览中心举办的第 55 届米兰国际家具展，这是一个极具魅力的平台，将展示各式高品质产品与服务。此外，将有三场展会、一部微电影、一场颁奖典礼同时举行。作为一个汇聚全球最新家居产品的平台，米兰国际家具展迎来了第 55 个年头，其一贯倡导创新与国际化，国际展商数量持续增长，现已占总参展企业的 30%。2016 米兰国际家具展与国际装饰配套展将于 4 月 12~17 日在米兰国际展览中心同期举办。国际厨房家具展及其附展 FTK 将重磅回归，在 9-11 号、13-15 号展区展出。同时，国际卫浴展将在 22-24 号展区展出。第 19 届卫星展将在 13 号和 15 号展区展出。与其同名的第七届卫星奖，致力于发掘 35 岁以下的富有创意的年轻设计师，将评选出三款符合展品类别的最佳设计产品进行颁奖。

遇见·北欧展览开幕

2015 年 12 月 18 日，由尖叫设计主办，携手蜂联传播集团及丹麦著名的 SHL 建筑事务所共同打造的 "遇见·北欧" 移动家居艺术廊在上海新天地 "THE HOUSE 新里" 正式拉开帷幕。来自 40 多家媒体、100 多家原创设计品牌的代表，包括家居产品 / 室内设计师、建筑师、艺术家在内的 300 多位嘉宾参加了开幕式。"遇见·北欧" 移动家居艺术廊以北欧设计为主题，集合了 88 家国际家居品牌，用 1200 多件原创设计精品，为你还原北欧自然、质朴又充满想象力的设计灵感。

第二十一届中国[北京]国际墙纸/墙布/窗帘暨家居软装饰展览会

THE 21st CHINA (BEIJING) INTERNATIONAL WALLPAPERS/ WALLFABRICS AND SOFT DECORATIONS EXPOSITION

2016年03月09日-12日
09th-12th,March 2016

北京·中国国际展览中心[新馆]
CHINA INTERNATIONAL EXHIBITION CENTER [NEW VENUE],BEIJING [NCIEC]

展会组织单位	The Organizer

Approval Authority / 批准单位 —— 中国国际贸易促进委员会
Sponsors / 主办单位 —— 中国国际展览中心集团公司
Organizer / 承办单位 —— 北京中装华港建筑科技展览有限公司

展会规模	Exhibition Scale

SHOW AREA
展览面积 / 120,000 平方米

NO. OF EXHIBITORS
参展企业 / 余家

NO. OF BOOTHS
展位数量 / 8,000 余个

NO. OF VISITORS(2015)
上届观众 / 人次

Contact information / 筹展联络
北京中装华港建筑科技展览有限公司
China B & D Exhibition Co.,Ltd.

Official Website / 官方网站
Http：www.build-decor.com

Address / 地址 : Rm.388,4F,Hall 1,CIEC,
No.6 East Beisanhuan Road,Beijing
北京市朝阳区北三环东路 6 号
中国国际展览中心一号馆四层 388 室

Tel /电话 : +86(0)10-84600901 / 0903
Fax /传 真 : +86(0)10-84600910
E-mail / 邮 箱 : zhanlan0906@sohu.com

 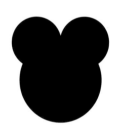   

2016 CHINA "DESIGN AND RECREATE" EXHIBITION

2016
第六届
中国
"设计再造"
创意展

— 观察力、
创造力、
想象力是引领未来的力量。

正是因为这些力量，
让我们重新认识世界，
改变生活。
什么能变废为宝？
什么能让我们更节约资源？
发挥你的创意，
带着你的设计，
即刻加入"设计再造"，
改变你我他！

— 参展的作品采取网盘提交
和快递光盘两种方式，
只限一种方式提交。
在线提交地址，
请关注网站信息内容。

"设计再造"创意展

CIID

DESIGN WEEK SHANGHAI

上海建筑与室内设计周

2016年3月29日- 4月1日 | 上海新国际博览中心
同期举办：上海酒店工程与设计展览会 / Ecobuild China 2016

DESIGN WEEK
悟与行的设计之旅

聚焦酒店设计前沿趋势 / 打造巨星云集闪亮舞台
参观热线：021-33392122

更多信息，请关注 www.hdeexpo.com

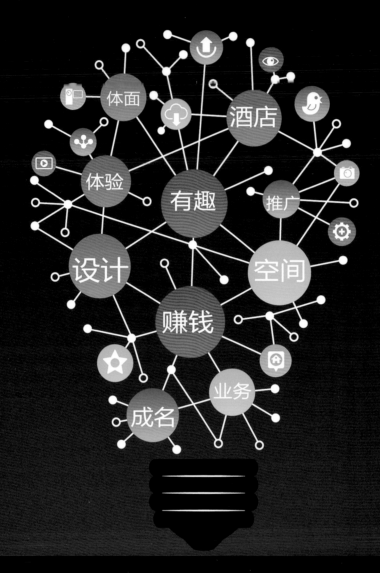

ABBS 年度大戏 即将启幕

看看！不止是看看！

一个以设计为社交的平台

一个可近玩焉的空间

一款属于设计师的APP　一个可以赚钱的APP

ABBS带你从另一面玩转设计

带你装X带你飞

 手 机: 18980820039　电 话: 028-61998484　Q Q: 1764506（暗号"内测"）

微 信: ABBSer（暗号"内测"）　E-mail: help@abbs.com （"MASTER战略合作"）